身心减压师培训教程
（初级）

郑佳节　付稚　主编

中国劳动社会保障出版社

图书在版编目（CIP）数据

身心减压师培训教程：初级 / 郑佳节，付稚主编. -- 北京：中国劳动社会保障出版社，2024

ISBN 978-7-5167-6254-7

Ⅰ.①身… Ⅱ.①郑…②付… Ⅲ.①心理压力-心理调节-职业培训-教材 Ⅳ.①B842.6

中国国家版本馆 CIP 数据核字（2024）第 017792 号

中国劳动社会保障出版社出版发行

（北京市惠新东街 1 号　邮政编码：100029）

*

北京市艺辉印刷有限公司印刷装订　新华书店经销

880 毫米 × 1230 毫米　32 开本　6 印张　2 插页　122 千字

2024 年 3 月第 1 版　　2024 年 3 月第 1 次印刷

定价：31.00 元

营销中心电话：400-606-6496

出版社网址：http://www.class.com.cn

版权专有　　侵权必究

如有印装差错，请与本社联系调换：（010）81211666

我社将与版权执法机关配合，大力打击盗印、销售和使用盗版图书活动，敬请广大读者协助举报，经查实将给予举报者奖励。

举报电话：（010）64954652

主编简介

郑佳节，国家二级心理咨询师。1992年12月参军入伍，中国心理卫生协会会员，中国老年保健协会标准化管理专业委员会副主任委员，中国收藏家协会法律事务部研究员。现供职国务院某部。曾出版《帝国残梦：美国霸权主义终结》《经济全球化环境中军队思想政治建设》《远离"电子游戏脑"》《潘基文：联合国掌门人》《读书的革命》《调查研究》《信访工作心理学》等著作17部，百余篇文章散见于各类媒体。

付稚，中国人民大学管理学硕士，国家二级心理咨询师，中国心理卫生协会职业心理健康促进专业委员会委员，中国老年保健协会标准化管理专业委员会委员。从事心理咨询和心理教育十余年，深谙并综合运用国内外多种心理学流派主要观点和方法，在全国授课近千场，剖析深度个案数百例，是具有国际视野和创新研发能力的实战型心理导师。自身曾深深受益于身心成长，逆境蜕变，由此致力于传播身心成长照护理念和实用技法，激发人们内在动力，提升幸福能力。

《身心减压师培训教程（初级）》编委会

主　任：卢洪洲
副主任：徐卫卫　戴子雄
编　委（排名不分先后）：

李同归	王　智	郭金来	吕　鹏	曹　健
陈　蕾	何亚楠	郭金山	傅小玲	罗晓梅
王剑辉	贺采芳	王延锐	王薇华	叶茂林
李超民	方树功	吕天赐	程晓明	陈　坚
孙光波	孙　宏	李　波	金思宇	肖文印
郭　佳	范　伟	曹中平	梁铁城	徐亨华
丁万鹏	王慧楠	孙　雨	孙云喜	刘　虹
崔　伟	王　顶	文　迪	李　伟	付安琪
余晨珍				

编委会主任简介

卢洪洲，主任医师、二级教授；内科学、公共卫生管理与护理学博士生导师；深圳市第三人民医院党委副书记、院长；国家感染性疾病临床医学研究中心主任；美国微生物科学院院士、深圳市首届疫情防控公共卫生专家组组长；教育部长江学者、国家百千万人才工程、有突出贡献中青年专家、享受国务院政府特殊津贴专家；《智能检验医学（英文）》（《iLABMED》）主编；曾担任复旦大学附属华山医院院长助理、上海市公共卫生临床中心党委书记；入选美国斯坦福大学2021年、2022年、2023年（国内学者微生物学领域第3名）全球前2%顶尖科学家榜单及《终身科学影响力排行榜》。

序　言

　　现代社会高速发展，人们的压力越来越大，身心健康受到了不同程度的损害，很多人患上了抑郁症，对新生事物愈发的不敏感、没有了兴趣。习近平总书记指出："现代化最重要的指标还是人民健康，这是人民幸福生活的基础。"同时强调，要"加强社会心理服务体系建设，培育自尊自信、理性平和、积极向上的社会心态"。世界卫生组织对身心健康给出的定义是身体健康、精神健康和社会适应能力强三部分。目前，我国有近5亿人睡眠障碍，近1亿人患有不同程度的抑郁症，心理健康风险日益年轻化，大众身心健康遇到了严重挑战，深刻影响了人民群众工作生活的获得感、幸福感和安全感。

　　当前，心理健康服务需求爆发式增长，但专业医生、心理咨询师以及身心减压师等数量、质量不足，服务供需失衡已成为我国精神卫生工作面临的一大难题。截至2021年年底，我国专业精神科医师仅6.4万人，能够提供专业心理咨询服务的心理咨询师不到10万人，真正能够解决问题的更是少之又少，远低于同等经济条件的其他国家平均水平。除了各类情绪障碍、精神疾病的诊疗需求，公众包括职场压力、学习压力等一些普通心理服务的需求也在迅速增加，但现实是我国心理健康服务起步较晚，心理健康服务体系不完善，专业人员严重不足。

因此，国家二级心理咨询师郑佳节、付稚同志适时推出这个心理服务项目，可以说正当其势、恰逢其时，为我国心理健康服务领域注入了有力的新鲜血液。他们专注于身心压力的疏解释放，以非谈话方式为主的实操手法和各种练习的综合疗法运用为指导，在帮助大众缓解身心压力方面做了有益的尝试，值得充分肯定。我作为医疗卫生工作者，感受到这个项目非常重要，特别是在情绪管理方面，能够避免负面情绪日积月累成心理问题，进而演变成心理疾病。

实事求是地讲，我国抑郁症患者人数近1亿，就医率却不足10%，这是比较客观的存在。大多数民众对于心理疾病，更是讳疾忌医。而针对亚健康人群的身心减压服务，可以有效降低大众的心理门槛，特别是身心减压师带领指导服务对象进行呼吸疗法、放松疗法、冥想和正念疗法、艺术创意表达疗法等，是大众普及身心健康的有效自助方法，能助力大众提升身心健康意识和自我保健能力。此外，我认为国家卫生健康委员会、国家医疗保障局、人力资源和社会保障部、全国老龄工作委员会、中华全国总工会、中国关心下一代工作委员会等职能机构，要重视身心减压工作，制定相关政策，开展相关服务，特别是在老年身心照护、长护险保障、青少年成长、帮助产妇减轻产后抑郁等诸多领域，为身心减压服务工作提供丰富的发展机会，发挥其独特作用。

让我们共同努力，一起推进身心减压服务工作在不同场景的应用，造福大众。希望本书对身心减压师的培训工作，对身心减压服务工作提供有益指导，为心理健康服务体系的补充完善，为全面推进幸福中国贡献力量。

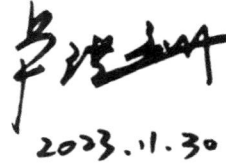

2023.11.30

前　言

当今社会，人们的身心健康问题形势严峻。相关统计数据显示，我国 18~24 岁青年人抑郁风险检出率高达 24.1%，心理健康风险年轻化趋势明显。在 2018 年全国心理卫生学术大会上，央视采访并报道称：当前我国对心理健康服务的需求呈爆发式增长，不仅表现在对各类情绪障碍和精神疾病的诊疗需求加大，对缓解职场压力、睡眠障碍等的普通心理健康服务的需求也在迅速增加。但是，供给端心理健康服务专业从业人员的数量严重不足，质量标准亟须统一且分布明显不均，供需双方对接不畅，需求端寻求专业服务非常困难。这种供需服务严重失衡，已成为我国心理卫生工作领域面临的一大难题。有调查显示，目前我国每百万人中仅有 20 人能提供心理健康服务，相比世界卫生组织建议的"每千人拥有一个心理健康从业人员是健康社会的平衡点"，即每百万人中应有 1 000 名心理健康从业人员标准，我们的差距达 50 倍。

在此背景下，非谈话式、侧重实操的身心减压师作为大健康身心照护领域一个新兴职业应运而生，它将是一个有益且重要的补充，为整个身心照护领域带来新鲜活力。

身心减压师以头触疗法为核心，结合呼吸疗法、放松疗法、冥想和正念疗法、艺术和创意表达疗法等，辅以专业的倾听技巧，通过提供身心减压技术服务和方法指导，针对健康或亚健康人群，预防和治疗并举，减压助眠，改善大众身心健康状况，提升大众身心关爱意识与自助疏解能力。身心减压师职业门槛低，侧重实操疗法，对从业人员学历要求不高，实操方法易学易掌握。身心减压服务适用范围广，学生、职场人士、更年期人士，以及存在压力困扰的人群都可以接受，尤其适用于老年照护领域的身心保健和孕妇、产妇照护领域的产后抑郁症防治。

本书既是身心减压师培训教程，也是身心减压师方便随身携带的工具书，按身心减压的应用背景、技能体系和发展前景，共分为三篇十五章，以通俗易懂的语言、图文并茂的形式，系统地介绍身心减压师职业的基本知识背景和技能方法。本书内容实用，也可作为普通大众的自助学习用书。

愿本书的出版能有效促进身心减压师专业化人才的培养，通过全社会的共同努力，积极改善当前国民身心健康的严峻现状，把健康中国行动落到实处。

主编：郑佳节　付稚

2023 年 11 月

目录

第一篇　身心减压的应用背景 / 001

第一章　身心减压工作概述 / 003
第一节　国民身心健康问题的严峻现状 / 003
第二节　身心减压的意义和适用对象 / 006
第三节　身心减压师的功能和职责 / 009
第四节　身心减压师、心理咨询师以及心理治疗师的区别 / 013
第五节　身心减压师的个人素质和职业发展前景 / 017

第二章　心理健康与身心减压 / 020
第一节　心理健康的社会价值 / 020
第二节　身心压力与应对策略 / 022
第三节　身心减压对心理健康的影响 / 025

第三章　身体健康与身心减压 / 028
第一节　身体健康的关键因素 / 028
第二节　运动、饮食、休息对身心减压的作用 / 030
第三节　身心减压对身体健康的影响 / 033

第二篇　身心减压的技能体系 / 037

第四章　身心减压的科学原理 / 039
第一节　神奇的大脑 / 039
第二节　大脑和身体的连接 / 045
第三节　大脑电磁波 / 049
第四节　大脑区域电荷阻塞对人体的影响 / 053
第五节　触摸的重要性 / 055
第六节　强大意念的神奇力量 / 057

第五章　身心减压师认知及工具准备 / 060
第一节　认知准备 / 060
第二节　工具准备 / 063

目录

第六章　头触疗法 / 067
第一节　头触疗法实施要领 / 067
第二节　头触疗法操作步骤及图解 / 070

第七章　呼吸疗法 / 087
第一节　呼吸疗法的科学原理 / 087
第二节　常用的呼吸练习 / 090

第八章　放松疗法 / 095
第一节　放松疗法的科学原理 / 095
第二节　常用的放松练习 / 097

第九章　冥想和正念疗法 / 102
第一节　冥想练习的科学原理及其对身心健康的影响 / 102
第二节　正念练习的科学原理及其对身心健康的影响 / 104
第三节　常用的冥想练习和正念练习 / 106

第十章　艺术和创意表达疗法 / 109
第一节　艺术和创意表达的意义及常见疗法 / 109
第二节　舞动疗法 / 112
第三节　曼陀罗绘画减压法 / 114
第四节　三封信书写疗愈法 / 117

第十一章　辅助支持 / 120
第一节　倾听与沟通 / 120
第二节　情绪管理和情绪支持 / 124
第三节　危机干预 / 127

第十二章　身心减压案例与应用 / 131
第一节　实操案例 / 131
第二节　适用对象和应用场景 / 135

第三篇　身心减压师的发展前景 / 143

第十三章　身心减压师的实践与伦理 / 145
第一节　个人保健和自我发展 / 145
第二节　职业伦理守则 / 148

第十四章　身心减压师培训及其认证 / 151
第一节　身心减压师培训 / 151
第二节　培训效果评估和改进 / 154
第三节　身心减压师的认证和资格要求 / 157

第十五章　身心减压师的职业发展 / 161
第一节　就业机会 / 161
第二节　服务对象管理和自我营销 / 163

第一篇　身心减压的应用背景

研究表明,婴幼儿每天会笑 300~600 次,可是成年后的我们,笑容越来越少。快乐去了哪里?身心减压,让我们重归快乐。

时代在巨变,科技在发展,压力无处不在,使得人们的身心健康状况日益恶化。幸运的是,人们的健康意识也在不断增强,对身心照护的需求日益多元化,心理咨询和心理治疗不再是唯一的解决路径。在此背景下,非谈话式、侧重实操的身心减压疗法应运而生。

把你的悲伤倾泻出来吧！无言的哀痛是会向那不堪重压的心低声耳语，叫它裂成一片一片的。

——莎士比亚 《麦克白》

第一章
身心减压工作概述

第一节
国民身心健康问题的严峻现状

当今社会,人们面临着身心健康状况日益恶化的问题。在压力与焦虑的普遍存在、不良生活方式与身体健康问题相互叠加、手机依赖以及网络成瘾、注意力不集中等因素的综合作用下,人们的身心健康受到诸多负面影响。《中国睡眠大数据报告》显示,2022年我国失眠人群占比高达38.2%,将近5亿人存在各种睡眠障碍问题。《2022年国民抑郁症蓝皮书》显示,我国抑郁症患者人数达9 500万,其中18岁以下抑郁症患者占比30.28%,心理健康风险年轻化趋势明显。加上近些年增长迅速的心境障碍、情感障碍的人群已达 6 000 万人，占比 5%；具有焦虑障碍的人群高达 2.1 亿人，占比 15%，严峻现状不容忽视。好的一面是随着问题不断加剧，人们的心理健康意识也在不断增强，人们不再是等到心理成疾才亡羊补牢，而是平时遇到心理困扰、身心压力就开始防患于未然，积极寻求支持。因此，人们对身心关爱和照护的需求日益旺盛且呈多元化发展趋势。当前国民身心健康问题主要体现在如下四个大的方面。

一、压力与焦虑普遍存在

随着社会的快速发展和竞争的日益加剧，人们不可避免地面临更多挑战并感到迷茫，挑战带来巨大的内外部压力，如学业压力、事业压力、经济压力、家庭压力、情感压力等。工作的不稳定性、经济的不确定性、情感的起落、婚姻的变动，以及对未来的种种不可把握感，常常让人感到身心疲惫。自媒体时代充斥着各式各样被放大和包装的所谓"成功"和"幸福"，进一步加剧了大众的自卑和焦虑感。此外，过度依赖技术设备如手机、互联网等，导致人与人之间的面对面社交越来越少，不同程度地加剧了人们的社交隔离和孤独感。

二、心理问题增加

当下，抑郁和焦虑等心理问题在人群中越来越普遍。对自我形象和财富成就的过度追求，形形色色的社会舆论导向，很容易导致人们产生自卑感、无力感，如果没能及时有效处理，长期积压，最终会形成心理问题。

三、不良生活方式与身体健康问题

现代生活和工作方式使人们缺乏运动，导致身体虚弱、肥胖、早衰等健康问题频发。熬夜、睡眠不足等不规律的作息方式，快餐夜宵、高糖高脂等不健康的饮食习惯，日积月累地对身体健康产生严重负面影响。

四、注意力不集中与网络成瘾

过度使用手机、沉迷网络游戏等问题，严重影响人们集中注意力。工作和生活场景的频繁切换以及信息碎片化也使得人们难以集中注意力，越来越浮躁，缺乏耐心和定力，影响到正常的工作和学习效率。

第二节
身心减压的意义和适用对象

一、身心减压的概念

身心减压是通过多种综合性技术和方法,帮助人们减少身体和心理压力、恢复身心平衡和放松的过程。身心减压的关键是帮助人们学会在日常生活的挑战和压力下,快速有效地处理自身负面情绪,从而提高个体的幸福感和生活质量。

二、身心减压的意义

(一)健康管理。研究表明,持续的压力会

导致高血压、心脏病,以及抑郁和焦虑等健康问题,而身心减压可以有效降低这些患病风险,提高身体和心理的健康水平。

(二)压力管理。身心减压可以帮助人们掌握应对压力的方法并提高心理韧性。通过学习和实践身心减压的各种疗法,人们可以更好地应对压力挑战,保持身心平衡和稳定。

(三)情绪调节。难以承受的压力和长期积累的负面情绪,容易让人因一件小事就情绪失控甚至崩溃,带来不可挽回的后果。身心减压可以帮助人们及时释放、转化情绪,促进积极情绪的产生,使情绪不再因畏惧而压抑,并能主动管理和调控情绪,成为情绪的主人,从而提高自身情感稳定性和积极性。

(四)自我意识加强。现代社会生活的快节奏让人应接不暇,常常忽视了自己的身体需求和心理需求。接受身心减压服务和训练可以帮助人们更好地了解自己的身体和心理状态,提高对身体和心理需求的敏感度,重新建立与自己的连接,从而更好地关注自己的身心健康。

(五)生活质量提升。通过身心减压疗法,改善睡眠质量,提高注意力和专注力,增强身体活力,可以使人们获得更好的生活体验,生活质量也能得到大大提升。

三、身心减压的适用对象

身心减压服务适用于各个年龄段和各行各业的人群。无论人们面临何种心理压力和精神困扰,身心减压疗法都可以为其提供帮助和支持,在校学生、职场人士、家庭主妇、中老年人甚至婴幼儿等都可以从身心减压疗法中受益。无论是工作压力、学业压力、家庭压力、经济压力、情感压力还是其他压力,身心减压疗法都可以为人们提供相应的支持和缓解。

身心减压是通过专业性的技术和方法,帮助人们减少压力、恢复平静、保持情绪稳定和内心平和的过程。身心减压在现代社会中具有重要的意义,可以提高人们的健康水平、生活质量以及压力应对能力。通过学习和实践身心减压疗法,人们可以实现身心的和谐与平衡,更好地应对生活中的各种挑战。

第三节
身心减压师的功能和职责

身心健康不仅对个体自身幸福与生活质量具有重要意义，对社会稳定和经济可持续发展也具有重要影响。身心健康问题导致了大量的社会经济成本损失，如医疗费用、生产力损失等，因此全社会需要共同努力来解决这些问题。例如：政府应制定相关政策，增加对身心健康服务领域的经济投入和社会资源配置；教育机构应加强身心健康教育，培养人们的身心健康意识和自我管理能力；专业机构和从业者应提供专业的、不同侧重面的身心照护服务，在精神科医生、心理治疗师、心理咨询师、心理辅导员之外，增加身心减压师的职业补充等。总之，全社会应建立从专业医疗机构到社区身心减压康养站点的全覆盖、立体化身心照护网络支持体系，通过监测和评估、教育和指导、治疗和疏导、提供自助工具等全方位支持方式，让人们及时、便利地获得帮助，应对身心健康问题，从而提高全社会的幸福感和生活质量。

全社会的共同努力可以有效地改善当前国民身心健康问题的严峻形势，通过关注身心健康问题、促进身心健康事业，为社会带来更好的发展与福祉。

一、身心减压师的功能

身心减压师以专业的头触疗法为主，结合呼吸疗法、放松疗法、冥想和正念疗法、艺术和创意表达疗法等，辅以心理学倾听技巧，帮助人们缓解心理压力，提高身心健康和生活质量。身心减压师具有以下主要功能：

（一）治疗。身心减压师向服务对象提供专业身心减压技术服务，专业的减压手法可以帮助服务对象得到有效放松，减压助眠，身心改善。

（二）倾听。身心减压师与服务对象建立信任关系，倾听他们的需求和困扰，在对方愿意的情况下，提供更多身心减压和自我疏导、调整的方法，指导他们在日常生活中应用这些技巧。

（三）顾问。身心减压师根据服务对象的需求和目标，提供专业的身心减压建议和方案，帮助服务对象制订个性化的减压计划，并提供持续的专业化服务和支持。身心减压师可以在专业设备支持下评估服务对象的身心健康状况，了解他们的需求和目标，帮助他们在实践中不断调整和优化。

二、身心减压师的职责

（一）评估服务对象需求。身心减压师对服务对象进行初步评估，了解他们的需求、目标和身心健康状况，仅对存在身心压力并处于健康、亚健康的人群提供服务，不对严重精神疾病人士（如精神分裂、双向情感障碍、强迫症等）提供身心减压服务，遇到严重精神疾病患者，建议对方前往专业医疗机构接受治疗。

（二）提供专业服务。身心减压师介绍提供适合服务对象需求的减压技术和方法，在实操服务过程中耐心倾听服务对象倾诉，提供情感支持，但不提供心理咨询服务；指导服务对象进行正确的呼吸、放松和冥想等练习，帮助其学会应对压力和困扰的方法。

（三）提升业务能力。身心减压师应参加专业培训，积极实践，多多积累实操经验，与同行分享案例，不断总结，以提升自身的专业水平和业务能力。

（四）遵循相关准则。身心减压师应遵守职业伦理准则，确保服务对象的隐私不外泄，保持专业技能水平和爱岗敬业态度。

身心减压师的功能和职责的核心是帮助服务对象改善身心健康状况,通过评估服务对象的需求,提供头触、呼吸、放松等疗法服务和技术指导,为服务对象提供专业的身心减压服务,帮助他们实现身心健康的目标。

第四节
身心减压师、心理咨询师以及心理治疗师的区别

一、三者之间的区别

身心减压师、心理咨询师以及心理治疗师是身心健康照护领域中具有不同功能和职责的专业人士,虽然他们都致力于帮助服务对象改善身心健康和生活质量,但在技术和方法、目标和重点、受众群体和工作场所等方面存在一些特定区别。

(一)技术和方法。身心减压师主要通过非谈话式的身心减压实操手法和技术,辅以呼吸、

放松、冥想、倾听等疗法练习，帮助健康或亚健康人群缓解压力和焦虑，促进其释放情绪，从而改善睡眠质量，提升身心健康水平。心理咨询师是以谈话沟通为主要形式的医疗技术和方法，如认知行为疗法、人际关系疗法、精神分析等，帮助来访者解决具体的心理困惑、心理问题或治疗心理病症。心理治疗师（精神科医生）具有处方权，可以开具精神类药物给患者，通常仅服务于心理疾病患者。

（二）目标和重点。身心减压师的服务目标是帮助服务对象减轻压力感、放松身心、缓解睡眠障碍问题、舒缓负面情绪、提高生活质量。心理咨询师的服务目标是帮助来访者解决特定的心理问题，提供情感支持和心理辅导，同时辅助进行心理疾病的治疗。心理治疗师的目标是帮助患者改善或治愈心理疾病，使其恢复健康的心理功能。

（三）受众群体。身心减压师的服务对象是关注自身身心健康的健康或亚健康人群，针对这类人群，身心减压疗法提供的是预防和保健服务。心理咨询师的服务对象是存在心理问题的亚健康来访者。心理治疗师面对的是心理问题严重的人群及精神疾病患者。

（四）工作场所。身心减压师的工作场所广泛，可以是独立的身心减压馆，或者是月子中心、美容养生会馆等场所。心理咨询师通常在心理咨询机构工作，而心理治疗师的工作场地通常在医院。

二、心理咨询师的功能和职责

心理咨询师是专业的心理健康服务提供者，通过与来访者进行心理咨询和辅导，帮助其解决心理问题，提高心理健康水平和生活质量。心理咨询师具有以下主要功能：

（一）评估和诊断。心理咨询师通过评估来访者的心理状况，帮助他们识别和理解心理问题的症状，为其提供准确的诊断。

（二）提供心理咨询。心理咨询师对来访者开展一对一或一对多心理咨询，通过聆听和理解，使用心理治疗技术如认知行为疗法、人际关系疗法、精神分析疗法等，帮助来访者探索和解决心理问题，调整不当的思维模式和行为模式，促进其实现心理健康的目标。

（三）提高心理认知。心理咨询师向来访者普及相关的心理知识，帮助他们理解心理健康的重要性，提高其心理健康的认知和技能。

三、心理治疗师的功能和职责

心理治疗师（精神科医师）是医疗级的心理健康服务提供者，他们具有处方权，专注于使用特定的治疗方法、药物和技术（如电击疗法），帮助患者解决复杂的心理疾病。心理治疗师具有以下主要功能：

（一）临床评估和诊断。心理治疗师具有临床评估和诊断的能力，能够准确评估患者的心理状况，诊断和区分各种心理障碍、心理疾病等。

（二）提供心理治疗。心理治疗师使用特定的治疗技术和方法，并根据患者需要，通过心理量表、精神药物、脑电仪器、医疗设备等，帮助患者缓解或改善精神疾病。

（三）治疗计划和治疗过程管理。心理治疗师根据实际病情需要为患者制订治疗计划，设定治疗目标，指导和管理治疗过程，确保治疗的连贯性和有效性。

相比心理咨询师和心理治疗师，身心减压师针对的是健康或亚健康人群，侧重头触疗法的实操服务，指导服务对象进行呼吸、放松、冥想、正念、艺术和创意表达等疗法的相关练习。因此，身心减压师的从业人员入门要求不高，不需要理解掌握太多复杂深奥的科学原理、医学知识及心理学理论，只需要对服务对象的身心状态进行简单分辨（确认其不是中度、重度心理疾病患者）。此外，身心减压的实操技能简单、易学、易操作，辅以标准化配套音视频产品，服务效果容易体现，职业成就感明显。

第五节
身心减压师的个人素质和职业发展前景

一、职业应具备的个人素质

身心减压师这一职业对知识水平要求不高,但从业人员应具备以下主要个人素质:

(一)爱心和同理心。身心减压师需要具备爱心和同理心,能够真诚关注服务对象的需求和困扰,待人温暖亲和,易与服务对象建立信任关系。

(二)倾听能力。当压力过大、情绪堆积、困惑无解的时候,很多人都有安全倾诉的需求,这时需要身心减压师耐心仔细、不带评判地倾听，开放、包容、无条件地关注服务对象，不给予具体指向性处理建议，而是提供开放式启发。

（三）沟通和表达能力。身心减压师需要具备一定的沟通和表达能力，能有效地与服务对象和其他专业人士进行交流和合作。

（四）自我反思和成长意识。身心减压师应具备自我反思和成长意识，要认识到自身良好的身心平衡状态就是最好的榜样，这会给服务对象带来巨大的信心和支持。

（五）职业道德和伦理准则。身心减压师需要遵守相关的职业道德和伦理准则，保护服务对象隐私和权益，确保服务的安全性和私密性。

二、广阔的职业发展前景

身心减压师的职业发展前景是积极向好且十分广阔的。随着人工智能和"互联网+"的快速发展，许多职业可能在一定时期内会被人工智能替代，但熟练掌握身心减压实操技能的身心减压师却会成为不可替代的职业存在。在日益严峻、压力持续的国民身心健康现状下，身心减压师将为个体和社会做出积极的贡献。

身心减压师的职业发展具有以下主要机会和趋势：

（一）心理健康关注度增加。随着人们对心理健康重视程度不断增加，身心减压师将面临更多需求和职业机会。随着社会心理健康意识提高，人们对心理健康服务的需求也逐渐增长。面对压力，人们有了更多防患于未然的身心保健意识和需求，不再是等到出现严重心理困扰或心理疾病发生时才就医。

（二）综合性身心健康服务需求。身心减压师能够通过综合性身心健康服务，满足服务对象对身心健康的多样化需求。

（三）在线平台和互联网应用。随着新技术的不断进步，身心减压师可以利用在线平台和互联网工具提供区域范围内上门服务，扩大服务范围，与更多服务对象进行联系。

（四）与其他专业领域和人士合作。身心减压师与其他专业领域如心理服务、母婴护理、美容康养、青少年教育、老年照护、临终关怀等领域合作变得更加紧密。与其他专业领域机构和人士的合作，将实现优势互补，为大众提供更全面且便利的身心健康服务。

（五）研究和实践进展。身心减压领域的研究和实践将持续发展，新的身心减压技术和方法将不断涌现。身心减压师需要重点关注专业领域的最新发展，不断学习和更新自己的知识储备，让自己成为身心健康领域中不可或缺的专业人才。

第二章
心理健康与身心减压

第一节
心理健康的社会价值

心理健康是个体全面健康的重要组成部分，它对个体的幸福感、生活质量和整体健康产生深远的影响。

一、心理健康的概念

心理健康是指个体在心理层面的良好状态，包括积极的情绪体验、健康的情感表达、和谐的人际关系、良好的心理适应能力和自我实现能力。心理健康表现为个体在面对压力、困难和挑战时保持稳定和适应的能力。

二、心理健康的重要性

心理健康对个体和社会产生广泛的积极影响,具体主要表现为以下五个方面:

(一)幸福感和生活质量。心理健康是个体获得幸福感和保证生活质量的基础。当个体具有良好的心理健康状态时,他们能更积极地面对生活,享受积极的情绪体验,拥有更满意的人际关系和更高的生活满意度。

(二)心理适应能力。良好的心理健康状态使个体能够更好地应对生活中的压力、挑战和变化,能够及时调整情绪和思维,灵活应对不同的情境,适应生活中的变化,更好地实现自己的目标。

(三)身体健康。研究发现,心理健康状态不仅与心血管疾病、免疫系统疾病、慢性病等的发生率有关,还与寿命的长短和部分身体疾病的成因有关。

(四)工作和学习表现。良好的心理健康状态使个体能够更好地集中注意力,解决现实问题,提高工作和学习效率。

(五)社会关系和社会参与度。心理健康有助于个体与他人建立积极的人际关系,增强其社会支持和互动,提高其社会参与度,促进社会和谐。

第二节
身心压力与应对策略

身心压力是现代生活中普遍存在的一种心理和生理反应。

一、身心压力的概念和来源

身心压力是人们在面对来自内外部环境的需求和挑战时所产生的心理和生理反应。身心压力的来源是多样的，包括工作压力、学业压力、人际关系压力、经济压力、家庭压力、情感压力等。适度的身心压力会激发人们的斗志和潜力，是人生中不可或缺的。正如俗话所说：

"井无压力不出水,人无压力不成器。"但身心压力过大而超出自身承受能力范围,让人感到无法应对时,则会带来身心损害,尤其是长期处于身心压力过大又无合适方式排遣释放时,身心遭受的危害会更加深远。

二、身心压力对健康的影响

过度的身心压力对个体的健康会产生负面影响。在身体上,压力会导致免疫系统功能下降,增加感染疾病的风险;在心理上,压力会影响个体的情绪、睡眠质量和认知能力。长期承受高强度的压力可能导致身体和心理的疾病,如焦虑、抑郁、心血管疾病、消化系统问题等。

三、应对压力的策略

除了接受专业的身心减压师提供的头触疗法服务外,人们还可以在身心减压师的引导帮助下,学会更多应对压力的策略和技巧,以提高身心健康和生活质量。以下是一些应对压力常用的方法:

(一)呼吸疗法。通过不同节奏和强度的呼吸练习,可以有效释放积压的情绪,促进身体和心理放松,带来身心平衡。

(二)放松体验。通过采用渐进性肌肉放松、冥想、正念等技术,可以放松身心,减轻焦虑,提升抗压能力。

(三)积极态度。通过扩展认知改变思维方式,培养积极乐观的心态,强大内在潜能。

（四）社交支持。与他人建立良好的人际关系和社交网络，寻求社交支持，可以减轻压力感，获得更多情感上的支持和理解。有时他人一句真诚的理解或鼓励话语、一个简单的拥抱和轻触就能给人莫大的安慰和力量。身心减压师应身体力行地鼓励服务对象，不吝于对外界表达善意和支持，在需要时，也不羞于寻求支持，让情感流动起来，建立健康有效的社交支持网络。

（五）时间转移。在面临压力时，可以通过参与愉快的活动、追求兴趣爱好、放松身心等方式，将注意力从压力源中暂时转移，调整好状态再次迎接挑战。

身心减压师在培训中，需要学习和掌握上述应对压力的方法，并将其应用于实践中，帮助服务对象减轻压力感、改善心理健康状态，更好地应对来自生活的挑战。

一项有趣的心理学研究成果告诉我们，拥抱可以让你感到快乐，哪怕是和陌生人拥抱也会快乐，如果拥抱持续5～10秒会更快乐！至于拥抱方式，大家可以尽情发挥自己的创造力。

在服务对象愿意的情况下，每次结束头触疗法服务后，身心减压师可以给同性别服务对象一个温暖的拥抱，以表达善意，传递支持力量。

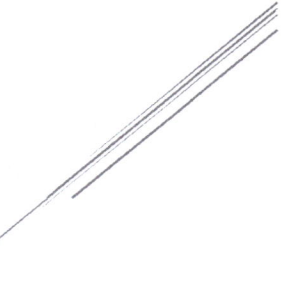

第三节
身心减压对心理健康的影响

一、身心减压与心理健康的关系

身心减压是维护和促进心理健康的重要手段。通过身心减压的技术和方法，人们能够缓解焦虑、平衡情绪、恢复能量、减轻压力感，并进一步提高心理健康水平和生活质量。身心减压能够帮助人们提高心理弹性、改善情绪调节和应对能力，增强心理健康的自我保护意识，建立自主调节机制。

二、身心减压对心理健康的正向影响

身心减压的实践包括多种专业技术和方法形成的疗法，如头触疗法、呼吸疗法、放松疗法、冥想和正念疗法、艺术和创意表达疗法等。这些疗法通过调节身体和心理的反应，帮助人们恢复平衡、提高自我意识和情绪调节能力，改善心理健康状况。

身心减压对心理健康的正向影响主要包括以下五个方面：

（一）缓解焦虑情绪。身心减压通过放松身心、减轻压力反应、提高情绪稳定性，来缓解服务对象的焦虑情绪。

（二）增强情绪调节和情绪表达能力。身心减压可以帮助人们更好地认识和理解自己的情绪，提高情绪调节和情绪表达的能力，促进情绪稳定。

（三）改善睡眠质量。良好的睡眠质量对心理健康至关重要。身心减压可以帮助人们放松身心、调整睡眠习惯，从而改善睡眠质量，促进心理健康的恢复和维持。

（四）提升自我意识。身心减压可以帮助人们提升自我意识并提高自我关怀的能力，更好地了解自己的需求和心理边界，增强自我照护和自我保护的能力。

（五）增强心理弹性。身心减压通过增强人们的心理弹性，扩大接纳度，使他们更能适应压力和挑战，从容面对生活中的变化和困难。

综上所述，心理健康是人们全面健康的重要组成部分，对个体的幸福感、生活质量和整体健康具有深远的影响。身心减压作为维护和促进心理健康的重要手段，通过平衡情绪、提高自我意识和情绪调节能力，有助于人们恢复和维持心理健康状态。从缓解焦虑、增强情绪调节和表达能力、改善睡眠质量、提升自我意识和自我关怀，到增强心理弹性，身心减压在心理健康层面发挥着重要的作用。

在身心减压师的职业实践中，理解心理健康的重要性，掌握身心减压的技术和方法，能够有效帮助服务对象提升心理健康水平，提高其生活质量。通过培养积极的心态、增强心理弹性、提高情绪调节和应对能力，身心减压师可以为服务对象提供有效的支持和指导，帮助他们实现身心健康的目标。

第三章
身体健康与身心减压

第一节
身体健康的关键因素

身体健康是身心减压的重要基础,它对人们的心理健康和整体幸福感具有重要影响。

一、身体健康的定义

身体健康是指个体体能良好、机能正常、精力充沛的状态。身体健康具体表现在身体的功能、营养、运动能力、睡眠质量等方面,是个体全面健康的基础和保障。

二、身体健康的关键因素

身体健康受多种因素的影响,关键因素包括以下五个方面:

(一)营养与饮食。良好的营养和均衡的饮食对身体健康至关重要。合理摄入各类营养,包括蛋白质、碳水化合物、脂肪、维生素、纤维素和矿物质,能够满足身体的营养需要,维持人体器官和系统的正常功能。

(二)运动与体能。适度的身体活动和有氧运动能够促进身体健康。规律的运动可以增强心肺功能,改善血液循环,增加肌肉的力量、灵活性,提高身体免疫力。

(三)睡眠与休息。充足的睡眠和适当的休息能有效促进身体健康。良好的睡眠质量可以消除身体的疲劳,维持身体免疫功能。

(四)健康习惯与生活方式。良好的健康习惯和生活方式会对身体健康产生重要影响。应避免不良习惯,如吸烟、酗酒、暴饮暴食等,保持适度的体重和健康指标,这都有助于维持身体的健康状态。

(五)疾病预防与健康管理。要定期进行健康检查,预防疾病的发生。若出现身体问题,应及时就医。及时解决现有的健康问题,也是维护身体健康的关键。

第二节
运动、饮食、休息对身心减压的作用

运动、饮食、休息是身体健康的重要组成部分，身心减压师可以应用这些因素来帮助其服务对象恢复和维持身心健康。

一、运动对身心减压的作用

运动是一种有效的身心减压方法，对人们的身心健康产生积极影响，其作用如下：

（一）放松身心。运动可以帮助人们释放紧张情绪，舒缓身体紧绷感，从而实现身心的放松。运动促进大脑释放多巴胺和内啡肽等神经递质，产生愉悦感和幸福感。

（二）缓解焦虑和抑郁。运动对焦虑和抑郁症状具有明显改善作用，可以维持人们的良好情绪状态，减少负面情绪的体验。

（三）提升心理健康水平。定期运动有助于改善人们的心理健康状况，增强自尊心和自信心，还可以促进人们对自身的认同感和积极评价。

（四）改善睡眠质量。规律的运动可以促进良好的睡眠状况，提高睡眠质量，缩短入睡时间，减少夜间醒来的次数。

（五）提高应对能力。运动可以增强人们的抗压能力和应对紧急情况的能力。

二、饮食对身心减压的作用

民以食为天。饮食对身心减压的主要作用如下：

（一）营养供给。良好的饮食提供全面的营养供给，有助于维持身体健康和稳定的身心状态。均衡的饮食可以提供身体所需的能量和营养物质，促进身体器官和系统正常功能的发挥。

（二）情绪调节。饮食与情绪之间存在密切的联系，如富含维生素 B 和镁的食物，可以促进神经递质的正常合成，有助于调节情绪和减轻焦虑感。

（三）血糖稳定。选择低糖、高纤维和蛋白质丰富的食物可以维持血糖稳定，避免血糖波动引发的情绪不稳定。

（四）减少摄入刺激性食物。避免摄入过多的咖啡因和酒精等刺激性食物，有助于减轻神经系统的负担，提高身心的平衡和稳定性。

（五）水分摄入。保持足够的水分摄入对身心健康至关重要。充足的水分可以维持身体的正常代谢和功能，有助于调节体温和维持体液的电解质平衡。

三、休息对身心减压的作用

（一）消除疲劳。充足的休息有助于身体和大脑消除疲劳，提高身体的功能和应对压力的能力。

（二）减轻压力感。适当的休息可以减轻身体和心理的紧张感，有助于缓解压力和焦虑感。

（三）提高注意力和专注力。充分的休息可以使人提高注意力和专注力，提升工作和学习的效率。

（四）提升创造力和创新能力。灵光乍现很难出现在紧绷的状态下，充足的休息有助于提升创造力和创新能力。

身心减压师在培训中，应重视运动、饮食和休息对身心减压的重要性，并将其应用于实践中，帮助服务对象恢复和维持身心健康。通过推荐适当的运动方式、指导健康饮食习惯、提倡充足的休息和睡眠，身心减压师可以帮助服务对象平衡身体和心理的状态，提升身心减压的效果，培养健康的生活习惯，从而实现其身心的平衡和健康。

第三节
身心减压对身体健康的影响

一、身心减压对心血管健康的影响

（一）降低血压。过度压力对心血管系统有着负面影响，容易导致高血压。身心减压通过放松身心、减少压力反应，有助于降低血压水平，改善心血管健康状况。

（二）加强心脏功能。长期承受高压力的人们更容易罹患心脏病。身心减压可以促进心脏功能的改善和维护，加强心脏的收缩和舒张功能，增强心肌的弹性。

二、身心减压对免疫系统的影响

（一）增强免疫功能。长期承受压力会削弱免疫系统的功能，增加感染疾病的风险。身心减压通过降低压力水平、增加抵抗力，有助于增强免疫系统的功能。

（二）减少炎症反应。持续性压力会导致炎症反应，增加相关疾病的患病风险。身心减压通过减轻压力和焦虑感，有助于降低炎症反应，维持免疫系统的平衡和健康。

三、身心减压对消化系统的影响

（一）缓解消化问题。胃不仅仅是一个重要的消化器官，还是一个"情绪器官"，压力、焦虑、负面情绪都容易导致消化问题，如胃痛、胃酸反流、肠道不适、胃肠蠕动减缓等。身心减压通过放松身心、减轻压力反应，从而缓解消化问题。

（二）促进食欲和营养吸收。压力和紧张情绪会影响食欲和消化功能。身心减压通过放松身心、调整情绪，有助于促进食欲和提高营养物质的吸收率。

四、身心减压对呼吸系统的影响

（一）改善呼吸质量。身心减压通过呼吸和放松体验，可以提高呼吸质量，增加肺活量和提高气体交换的效率。

（二）缓解呼吸问题。压力和焦虑会导致呼吸困难和紧张感。身心减压师通过提供专业的呼吸练习建议，使服务对象放松身心、调整呼吸方式，从而缓解他们的呼吸问题。

（三）促进免疫防御。健康的呼吸模式有助于维持免疫系统的正常功能。身心减压可以帮助服务对象调整呼吸方式，促进免疫系统的防御能力改善。

身心减压对身体健康具有积极的影响。它可以降低血压、改善心血管健康状况、增强免疫系统功能、减少炎症反应、改善消化功能、促进呼吸质量和缓解呼吸问题等。身心减压师在实践中，可以在观察服务对象的身体机能变化的基础上，将身体健康改善作为身心减压疗效反馈的重要组成部分。

第二篇　身心减压的技能体系

大量实验和实践证明，通过触摸、呼吸、动作练习可以有效调节人们大脑和身体的自主运动，带来生理和心理状况的改善。

身心减压师是指不依靠谈话治疗，而是以头触疗法为核心技能，结合呼吸疗法、放松疗法、冥想和正念疗法、艺术和创意表达疗法，加上心理学的倾听关爱专业技法，熟练运用一整套身心减压综合疗法的专业实操型技师，包括初级、中级和高级身心减压师。

用生命影响生命
　　　　——泰戈尔

把自己活成一道光，因为你不知道，
谁会借着你的光，走出了黑暗。
请保持心中的善良，因为你不知道，
谁会借着你的善良，走出了绝望。
请保持你心中的信仰，因为你不知道，
谁会借着你的信仰，走出了迷茫。
请相信自己的力量，因为你不知道，
谁会因为相信你，开始相信了自己……
愿我们每个人都能活成一束光，
绽放着所有的美好！

第四章
身心减压的科学原理

第一节
神奇的大脑

大脑是人体最重要的器官之一，它不仅控制着身体的各种功能，还负责思维、情绪和意识等高级认知过程。例如，童年创伤及重大生活事件导致的身心创伤将会影响大脑某些区域功能的失调甚至关闭。

一、大脑的主要功能

大脑是中枢神经系统的核心，主要由左脑和右脑两个半球组成，左脑和右脑分别控制着人体不同的功能。

（一）感知和感觉。大脑接收和处理来自感觉器官的信息，包括视觉、听觉、触觉、味觉和嗅觉等，使我们能够感知和感受外界的环境。

（二）运动和协调。大脑控制着肌肉的运动和协调，通过与脊髓和周围神经系统的联系，实现身体运动的状态和姿势的调节。

（三）认知和思维。大脑是人类智慧和思维活动的中心，负责记忆、学习、思维和判断等高级认知过程。

（四）情感和情绪。大脑参与调节我们的情感和情绪反应，与边缘系统和内侧前额叶皮层等结构紧密联系，对情绪的产生和调节起着重要作用。

（五）意识和自我意识。大脑使我们进行有意识的体验和自我意识，与意识的产生和维持密切相关，使我们能够感知自己的存在并体验自我。

二、大脑的神经网络

大脑是一个复杂的神经网络，由近百亿个神经元组成，通过神经元之间的连接和通信来实现各种功能。

（一）大脑皮层。大脑皮层是大脑最外层的结构，负责高级认知功能。它包括额叶、顶叶、颞叶和枕叶等区域，与思维、记忆、学习、情感和意识等密切相关（如图 4-1 所示）。

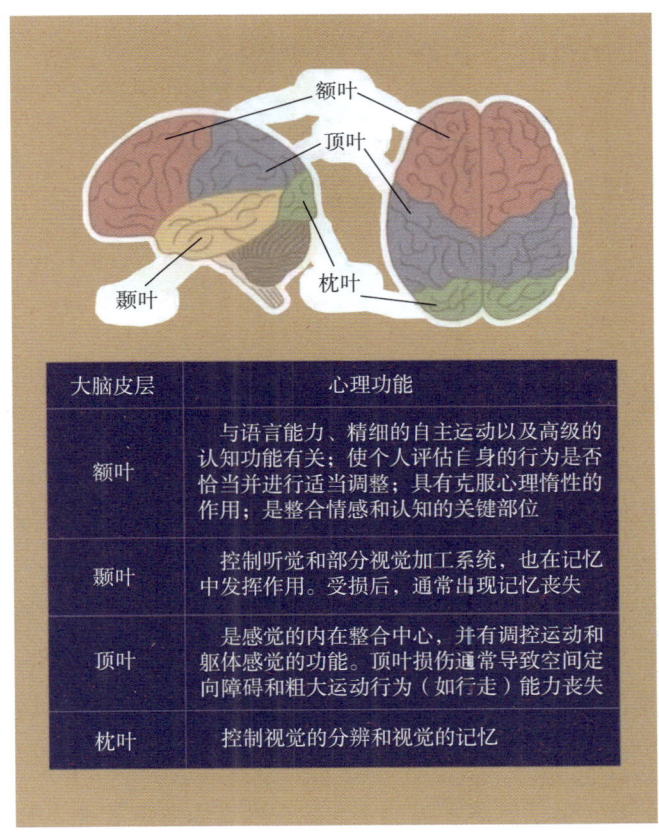

图 4-1 大脑皮层及其功能

（二）边缘系统。边缘系统位于大脑皮层和脑干之间，负责情绪的调节和产生。它包括杏仁核、海马体等结构，与情感的产生和记忆的形成密切相关（如图 4-2 所示）。

（三）脑干。脑干位于大脑的底部，负责基本的生理功能，如呼吸、心搏和消化等。它还与意识的产生和维持有关。

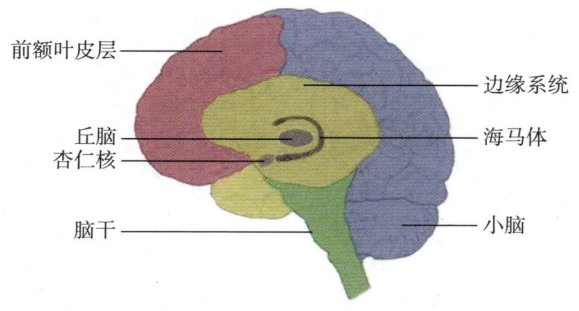

图 4-2 大脑的边缘系统

三、大脑的重要性

大脑在人们的生命和身心健康中极其重要,一些国家已经开始以脑死亡作为标准来确认个体的死亡,而非传统的依据心脏停搏、呼吸停止、瞳孔反射消失来作为标准指征确认个体死亡。脑死亡是指大脑及其脑干完全和永久性停止功能,无法自主维持呼吸和其他生理功能。植物人不属于脑死亡,其脑干功能正常,昏迷只是由于大脑皮层受到严重损害或处于突然抑制状态,病人可以有自主呼吸、心率和脑干反应。

脑死亡的认定更加强调了大脑在生命中的重要性。它提醒我们,大脑不仅是思维、情感和认知的中心,还是维持生命和自主功能的关键组织。对于身心减压师而言,理解大脑的重要性至关重要。

四、大脑与身心减压的关系

大脑和身心减压关系紧密,头触疗法可以通过与大脑反射

区的相互作用来实现身心减压的效果,具体体现为以下四个方面:

(一)放松大脑活动。头触疗法可以通过手部的触摸来刺激头部的神经末梢,进而影响大脑活动。这种刺激可以促进大脑皮层的放松,减少其过度活跃和紧张感,从而实现身心的放松。

(二)调节情绪和情感。头触疗法可以间接刺激到大脑中与情绪和情感相关的结构,如杏仁核和边缘系统,来调节情绪和情感。这种刺激可以促进神经递质的释放,如多巴胺和内啡肽,产生愉悦感和放松感。

(三)提升意识和自我意识。头触疗法间接刺激大脑的特定区域,如前额叶皮层,来提升意识和自我意识。这种刺激可以增强人们对自身的认知和体验,促进身心的平衡和整合。

(四)促进神经网络的平衡。头触疗法通过触碰头部点位刺激大脑的不同区域,可以调整并促进神经网络的平衡。它可以促进不同脑区之间的协调和交流,增强大脑整体的神经功能。

生活中的经历会改变我们的大脑结构和功能，甚至会影响我们遗传给孩子的基因。理解这些创伤性压力对大脑的基础性影响，给我们的干预和治疗打开了一扇新大门，让我们专注于将负责自我调节、自我感知和自我意识的大脑部分重新激活。我们不仅仅知道如何治疗创伤，而且，渐渐地，我们甚至知道如何预防它。

——巴塞尔·范德考克《身体从未忘记》

第二节
大脑和身体的连接

人的内在状态（如分泌唾液、吞咽、呼吸、心率、血压等）和外在动作姿势（如面部肌肉移动、眼部动作、瞳孔扩大、音调音速的改变等），都由同一个节律系统——自主神经系统来调节。

一、自主神经系统

自主神经系统是由交感神经系统、副交感神经系统、脑和脊髓等组成，受大脑控制。其中，交感神经系统作为人体的加速器，副交感神经系统作为人体的减速器，两者相互合作，负责人体的能量分配，一个促进能量消耗，一个节约能量消耗。

（一）交感神经系统。交感神经系统负责唤起身体反应，尤其是在遇到危急情况时，进入战斗状态或者逃跑反应。它将血液输入肌肉以帮助肌肉快速反应，也促使肾上腺分泌肾上腺素，引发心率加快和血压升高。

（二）副交感神经系统。副交感神经系统负责激发自我保护的功能，如消化和伤口愈合。它促进乙酰胆碱的释放，负责降低身体唤起度，减慢心率、放松肌肉，使呼吸频率回归正常。

二、调节基础生理状态

自主神经系统判断身体处于不同的安全状态，从而激发不同的生理状态。当人们感到受威胁时，自动进入第一种状态——寻求支持，向周围的人求助、呼救、寻求安慰。如果没有人响应，或伤害发生迅速、无从求援时，身体会转换到第二种更原始的求生状态：战斗或逃跑，即击退攻击，或立即逃到安全地方。如果这些策略都无效，自觉无法逃脱，或被抓住了，身体会为了保存自己而尽量节省能量、关闭一切不必要的功能，即第三种生理状态——惊呆或崩溃，类似动物面临死亡威胁时的木僵反应。

三、自主神经系统作用方式

寻求支持系统依靠从脑干出发的一支主要迷走神经和另一支连接面部肌肉、耳、舌、咽、喉的迷走神经（如图4-3所示）。当迷走神经运作的时候，人们会向那些冲他们微笑的人回应微笑，会在同意时点头，会在其他人告诉自己不幸时皱眉。迷走神经也负责向心脏等重要器官发送信号，降低心率，增加呼吸深度，此时人们会因此感到更放松、专注和愉快。当令人烦恼的事件发生时，人们会自动用面部表情和声调传达不安，这些信号的改变意味着呼唤他人来帮助自己。

如果呼唤没有得到回应，威胁加剧，人体内更古老的大脑边缘系统会被激活，引发交感神经调动肌肉和心肺，促使身体做好战斗或逃跑的准备。这时声音会变急促，音调变高，心率变快，汗腺大量分泌汗液。

如果无处可逃或无法阻挡危机，大脑会激活最后的警报系统——迷走神经背核。它穿过横膈膜，到达腹腔，迅速降低全身新陈代谢速率，表现为心率变慢（心往下"沉"），呼吸困难，内脏停止工作或直接排空（大小便失禁）。这是一种最严重的解离、崩溃或木僵的惊吓反应状态。

长期过度压力或者曾经未被修复的创伤记忆，会带来大脑功能的改变或神经系统的失调，通过身心减压有助于促进恢复。

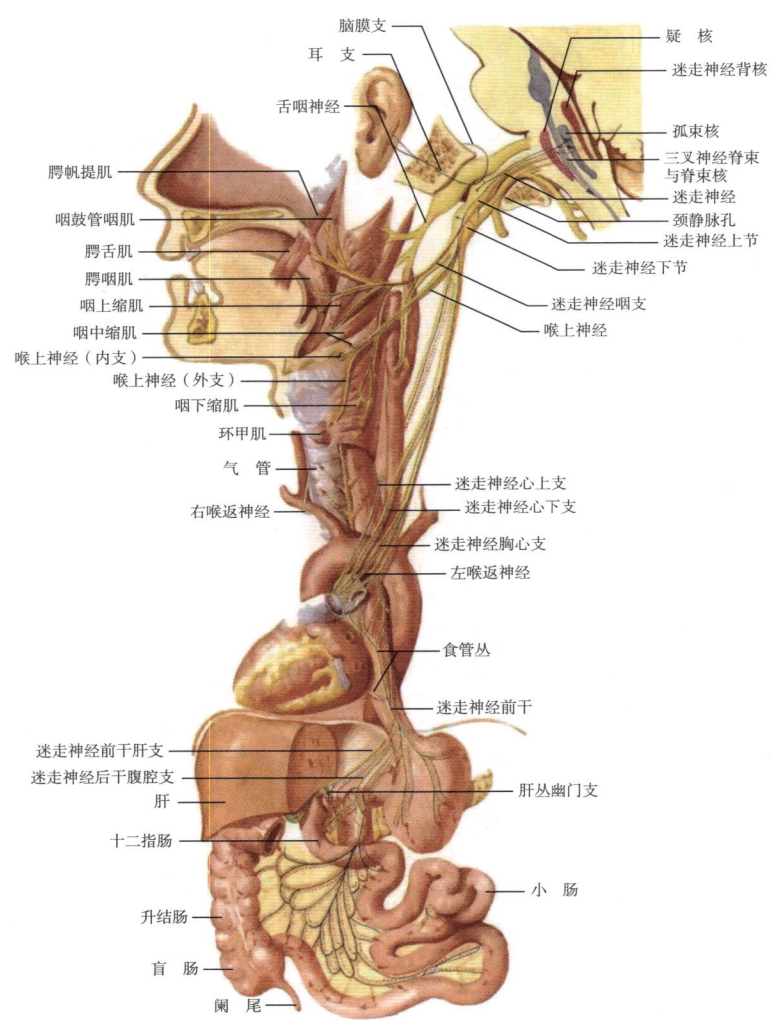

图 4-3 迷走神经及其涉及的人体器官

第三节
大脑电磁波

大脑电磁波是大脑活动产生的电信号,在神经元之间传递和沟通。这些电磁波可以通过脑电图(EEG)来测量和记录。大脑电磁波具有不同频率,不同频率代表不同大脑状态,通过综合比对分析可以反映出抑郁、焦虑、睡眠障碍、由网瘾带来的大脑电磁波变化以及大脑器质性改变。

一、大脑电磁波的频率和含义

大脑电磁波可以分为不同的频率,每种频

率的大脑电磁波都与特定的脑功能和心理状态相关。以下是五种常见的大脑电磁波及其含义。

（一）δ波，0.5～3赫兹。δ波是大脑电磁波最慢的频率，通常在深度睡眠和昏迷状态下出现，与恢复和修复身体的过程相关。

（二）θ波，4～7赫兹。θ波通常在受到压力、失望或经受挫折时出现，也与浅睡眠有关。

（三）α波，8～13赫兹。α波通常在放松但清醒的状态下出现，尤其是闭上眼睛时，与放松、冥想和专注力有关，有时也体现为焦虑。

（四）β波，14～30赫兹。β波通常在警觉和活跃的状态下出现，与思考、集中注意力和执行任务有关。

（五）γ波，30赫兹以上。γ波是最高频率的大脑电磁波，通常在高度专注、幸福感、放松、冥想等认知活动中出现。

二、大脑电磁波与身心健康问题的关系

大脑电磁波的变化与身心健康问题之间存在一定的关系。以下是几种常见的身心健康问题与大脑电磁波的关联状况。

（一）抑郁。抑郁症患者常常表现出增强的θ波活动，尤其是在前额叶皮层上发出。这种θ波的增强与负面情绪、注意力障碍和情绪调节等有关。

（二）焦虑。焦虑症患者通常表现出增强的β波活动，尤

其是在额叶和颞叶区域发出。这种β波的增强与过度警觉、痛苦和思维过程的过度活跃有关。

（三）睡眠障碍。睡眠障碍常常与大脑电磁波的异常有关，失眠患者可能表现出较强的β波活动，而睡眠过多或过度睡眠症患者则可能表现出较强的δ波活动。

（四）网瘾。长时间沉溺于网络或手机电子游戏的人，其大脑电磁波与严重痴呆患者的非常相似，α波的水平与β波的水平完全重叠在一起。更严重的状态下，甚至出现β波几乎消失。

（五）大脑器质性改变。某些大脑器质性改变，如脑损伤或神经退行性疾病，可能导致大脑电磁波活动的异常，包括其频率的改变、特定脑区的活动减弱或异常放电等。这些改变与身体和心理功能的受损有关，并可能导致认知、情绪和运动障碍。

三、身心减压技能体系与脑波的关系

身心减压技能体系中的多种疗法均能对大脑电磁波活动产生影响，例如：头触疗法针对头部特定区域和特定点位的轻柔接触，有助于消散阻塞已久的电荷，促进α波的产生，从而实现放松和助眠效果；特定的呼吸疗法通过身体反向刺激大脑中与情绪和情感相关的结构（如边缘系统），来调节大脑电磁波活动，从而产生身心减压的效果。

大脑是人体最重要的器官之一，其功能范围涵盖认知、情绪、运动和意识等方面。不同频率的大脑电磁波与各种身心健康问题存在关联。了解大脑电磁波的科学原理对于身心减压师的实践非常重要，因为它有助于身心减压师更好地理解头触疗法的作用机制，提升专业素养。

第四节
大脑区域电荷阻塞对人体的影响

大脑区域电荷阻塞涉及大脑区域的电磁波活动和能量流动。

一、大脑区域电荷阻塞的概念

大脑区域电荷阻塞指的是在特定的大脑区域中电流受阻的现象。大脑区域电荷阻塞可能由多种因素引起,包括组织、细胞和神经元之间的电阻、炎症反应等,这种电荷阻塞可能导致该区域的大脑电磁波活动异常或受限。

二、大脑区域电荷阻塞对人体的影响

（一）神经传导受阻。大脑区域电荷阻塞可能影响神经元之间的正常传导，导致信息传递受阻或减慢，这将影响认知、情绪、运动和其他神经功能。

（二）能量流动障碍。大脑区域电荷阻塞可能妨碍大脑区域之间的能量流动，导致能量堆积或不平衡，影响大脑区域之间的协调和平衡。

（三）疼痛和不适。大脑区域电荷阻塞可能导致神经传导的异常，增加疼痛感和不适感的发生，这与炎症反应、神经递质的改变、神经兴奋性的增加等有关。

（四）神经可塑性受限。神经可塑性是大脑适应和学习的基础，大脑区域电荷阻塞妨碍了大脑区域的适应性和变化，限制了神经可塑性。

三、头触疗法与大脑区域电荷阻塞的关系

作为一种非侵入性的身心减压疗法，头触疗法已被广泛应用于实践中，为人们提供放松、舒缓和减压的效果。该疗法通过刺激头部特定区域和点位来影响大脑区域的电磁波活动和能量流动，并通过神经系统的连接和反馈机制，达到身体放松和平静的效果，有助于改善身心状态、减轻焦虑、缓解紧张情绪。

第五节
触摸的重要性

高强度、高压力、快节奏是现代社会的主要特征，社会、经济、科技各方面变化迅速，人与人之间竞争激烈，多了戒备和疏离，少了信赖和亲密。随着结婚率逐年降低、离婚率连年攀升，恐婚、不婚情绪弥漫。亲密关系不再亲密，无性婚姻超过三分之一，更有庞大数量级的单身成年人群。我国的社交习惯较为含蓄，注重保持社交距离，这却又减少了人与人之间肢体接触的机会。现代社会，很多人的孤独已经从内心发展到了身体。

一、皮肤饥渴症

20世纪初,"皮肤饥渴症"的概念被提出,提出者认为人类需要每天进行皮肤间的接触才可以更好地发育。现代科学研究发现,在一块五分硬币大小的皮肤上,就有25米长的神经纤维和1 000多个神经末梢,这为通过触觉传达信息奠定了生物学基础。而长期以来,当人们的皮肤处于饥渴状态,心灵也容易陷入孤独的困境,人们不会轻易去拥抱他人,因为缺少拥抱,也不愿意与他人分享生命的快乐和忧伤。安全放松的肢体接触对于一个人来说是非常重要的生命体验,也是保障身心健康不可或缺的组成部分。

二、触摸

触摸是让人们舒缓紧张的最基本方式,触摸、拥抱和轻轻晃动是人类包括哺乳类动物最自然的平息焦虑、获取舒适感的方式。当情绪被压抑在身体中,人们的身体也会变得紧张,尤其体现为肩颈紧张、面部肌肉紧绷。通过安全舒适放松的触摸,身体的紧张会随之释放出来,相应的情绪感受也会随之缓解甚至消失。

身心减压头触疗法充分考虑了我国大众的接受度,不会触碰全身,重点针对头部特定区域和点位进行专业触疗,无论男女老少,心理上更容易接受。这种安全的身体接触,满足了人们皮肤饥渴与情感抚慰的需要,更在消除大脑区域电荷阻塞方面具有显著效力。

第六节
强大意念的神奇力量

意念是一种强大的心理能力,它对身心减压起着重要作用。

一、强大意念,神奇力量

意念具有巨大的创造力,它能够引导我们的思维、情绪和行动,从而影响我们正在经历的现实体验。不同的意念想法会引发不同的情绪和体验,直接影响我们的行为和生活。因此,意念的力量在身心减压中是至关重要的。

二、放弃担心，聚焦所愿

放弃担心、超越负面意念是实现身心减压的重要步骤。担心是一种消极的意念，西方谚语说"担心是诅咒"，强烈的消极负面信念不仅会增加焦虑和压力，更会创造不利的现实。这也是知名的心理学效应墨菲定律所阐述的，越怕什么越会实现，因为恐惧是一种更强大的驱动力和创造力。通过有意识地转化心态，放下担心，让人们的意念更加专注于真正想要的事情和目标，通过引导意念朝着积极正面的方向转变，人们可以培养积极的思维模式和信念，从而提高身心的平衡和幸福感。

三、扩展认知，自然释怀

扩展认知是指拓宽我们的视野和认知范围，超越狭隘的观念和固有的思维模式。通过扩展认知，我们能够更好地适应和接受现实，不再把心理能量无谓消耗在与已然发生的现实对抗上，消耗在自我评判的内心冲突上，而是投入此刻开始"怎样可以更好""还有什么可能性"上，从而使许多事情自然释怀。扩展认知可以帮助我们更好地应对压力、焦虑和困境，促进身心的平衡和宁静，通过意念的转变，从聚焦"不要""不好"转为聚焦"想要""美好"，这样我们能够更加乐观、积极地思考问题，寻找解决问题的新途径。

在身心减压技能体系的实践中，我们可以结合强大的意念力，通过深度放松和正念的引导，引发积极的意念想法。这些积极的意念想法可以帮助服务对象放松身心,减轻焦虑和紧张情绪,对未来充满希望,促进身心的平衡和幸福感。

第五章
身心减压师认知及工具准备

第一节
认知准备

我们以怎样的认知和态度看世界，世界就会向我们呈现出它的不同面貌。非黑即白、非此即彼的认知逻辑往往使人生的路越走越窄，带来人际关系、亲密关系的紧张。不断扩展的认知与平和包容的心态，则会带来更开阔和谐的外部世界回应，包括财富、事业、情感关系等。有句话说得好："心有多大，世界就有多大。"

一名合格的身心减压师，需要面对不同的服务对象及人生百态，甚至服务对象个体或家庭、家族的隐秘创伤，要做到接纳而不评判，严守服务对象隐私的职业操守尤为重要。

身心减压师不是法官,不评判对错,不与服务对象情绪对抗,更不要去引发服务对象的情绪对抗,重点不放在外部人、事、物本身的对错上,而是把服务对象意识的焦点引导到关注其自身内在真实感受的呈现和转化上,放在"如何更好"上,帮助其扩展内在心灵空间,创造新的可能性。对事件或对人的评判,只能负面强化人们不想要的现实,容易让服务对象陷入受害者情结或加剧其内在的羞耻感或罪恶感,带来更大的精神消耗。身心减压师的服务是助力服务对象调节身心、平和内在,让其看到更多积极性、可能性,扩大其认知,强大其身心。正如毛泽东同志的《心之力》所言:"宇宙即我心,我心即宇宙。"当人们内心扩展了、顺畅了、积极有活力了,看待外界人、事、物也必然会有更加开阔和不同的感受。

我心即宇宙,宇宙即我心。
细微至发梢,宏大至天地。

——毛泽东 《心之力》

第二节
工具准备

工具一:有趣的观点

当我们执着于或陷在某个观点里,固化执拗,忍不住激起评判时,应在心里默想:"有趣的观点,我有一个有趣的观点。"或者当我们自身遭遇他人强烈评判,升起强烈对抗情绪时,对自己说:"这是一个有趣的观点,他/她有一个有趣的观点。"多次重复,直到内心强烈起伏的情绪平息,我们就会觉得周身轻松、不再被这个观点或这个人困扰。

工具二：有用才有用

"心想事成"不仅是一句祝福语，而且是真实存在的，某种程度上，它是意念驱动物质世界的现实呈现。但大多时候，人们的想法是负面的，充满担心、焦虑甚至恐惧，墨菲定律更清晰地描述了这一观点。所以学会聚焦在正向希望达成的目标上，才是有用的，否则只会加剧我们不想要的现实，南辕北辙。因此，当人们在每个念头升起、每句话开讲、每个行为实施时，都问问自己，这是我想要的吗？这和我想要的结果是一致的吗？想我想要的，有用才有用！

工具三：提问

我们每个人的认知水平高低不同，随着年龄和阅历的增长，我们的认知也会不断改变。如何不困于我们有限甚至偏颇的认知中，更好地运用"心想事成"来创造理想现实呢？提问是一个非常好的工具。提问不只是表达疑问，某种程度而言，它其实是一种指向，甚至指令。比如以下几个提问句，身心减压师可以常常运用，之后注意观察会带来怎样的神奇效果。

怎样可以更好？

还有什么可能性？

怎样可以让我更好地帮助到他/她改善身心状况，让他/她变得更健康平衡？

关于这个人或者这件事，还有什么是我没有意识到的关键点？

我怎样才能拥有更好的生命体验？

怎样可以让我更开心？

怎样可以让我的人生有更多惊喜变化？

……

身心减压师可以尽情发挥，所有的提问都会把你带向更广阔的意识空间，从而创造出更多的可能性在你的现实世界里。

在使用提问这一工具的过程中，需要安定心神，专注于你想解决的事情上，要用心地提问。提问的目的不是快速得到答案，而是提高觉察。所以提问后不必急于追求头脑中的答案，而是放松、敞开心胸，留意生活中的变化，并适时行动。

工具四：这是属于谁的

人们常常在说"成为更好的自己""活出真实的自己"，但其实在成长过程中，在来自社会集体意识的（包括自古流传的、当前社会的、地域文化的等）、原生家庭父母的、重要他人的（如老师、领导、同事、亲戚朋友、邻居等）有意无意地灌输影响下，我们的思想感受和情绪甚至有90%以上都并非真正属于我们自己的，而是无意识接收并认同让我们误以为是我们自己的。

例如：我应该是一个贤妻良母；我应该做一个温柔乖巧的女孩；作为男子汉，我必须勇敢无畏；男儿有泪不轻弹；男人有钱就变坏，女人变坏就有钱……此时，问自己："这是属于谁的？"心里会升起一个答案，也许是父母的，也许是社会这么要求的。但如果你发现这不是来自真实的你，那么在心里说："还给他！"或者"还给他们！"这是一个重要工具，会让你从无意识的观念捆绑和恐惧束缚中逐渐松绑，重获心灵的自由，继而明显感受到身心的轻松。接下来，聚焦你真正想要的心念，作出你真正的选择和行动吧！

如果生命是关于你拥有的礼物，
而不是你必须克服的艰辛呢？

——盖瑞·道格拉斯

第六章
头触疗法

头触疗法作为身心减压师的核心技能，是通过手指触摸头部相应区域和点位，达到身心平衡的一套专业实操疗法。

第一节
头触疗法实施要领

一、确定点位的间距

用服务对象手指尖的宽度去确认他/她头上每一个点位的间距和位置，尤其对于婴幼儿或体形较大的服务对象更需要准确测定。

二、手触力度

通常情况下，头触疗法在实施中不需要用力，只需要保证触碰到服务对象相应的头部区域和点位即可。但个别人士对触觉的敏感度不同，有的喜欢轻柔，有的喜欢更强有力的触感。因此，具体每次使用多强的力度，可由服务对象自行决定。身心减压师应当尊重服务对象的选择，才能在每次工作中给服务对象最适合的治疗和支持。

三、谈话与否

在头触疗法服务过程中是否谈话由服务对象主导，除非服务对象主动聊天，否则不要刻意引导其说话。

四、音乐和电视

使用头触疗法时，不可以播放音乐。因为音乐会保持某种固定的频率，干扰清理。

但在进行头触疗法服务时，如果服务对象愿意，可以播放电视或电影。因为电视或电影可能带出额外深藏的情绪，有助清理。

五、双手不可互触或交叉

在进行头触疗法全程服务中，服务对象的双手不可以交叉，应尽量放置在身体两侧。

六、补充糖、盐、水

进行头触疗法服务后，身心减压师和服务对象都会释放很多电荷，因此身体会有疲劳感，这时候应提升觉察力，提问自己的身体："你想要什么？你需要什么？"根据身体的需要，做相应补充。盐和水可以帮助释放电荷，糖和水能够快速补充大脑所需能量。在头触疗法服务过程中，释放了大脑区域阻塞的电荷——携带思想意识的电子，这一过程活化了大脑内部的突触神经，会造成身体对糖分的需求。

糖是脑细胞的能量源泉，成年人大脑只占体重的2%（新生儿占10%），却会消耗身体将近1/3的糖。常常思考的人，身体则需要更大量的糖。这也是为什么积极备考的学生忍不住想吃甜食的生物学原因。

因此在进行头触疗法服务时，身心减压师需要在旁边提前准备葡萄糖、可乐、酸奶、饮用水等，服务结束后与服务对象一起及时补充，这有助于身体修复。

第二节
头触疗法操作步骤及图解

在头触疗法实施过程中,不需过于认真和严谨,身心减压师越轻松欢快,效果越好。过于认真严肃和谨小慎微反而会增加压力,带来皮肤紧缩,轻松状态下更利于驱散大脑区域阻塞电荷。

一、放松冥想

身心减压师为服务对象播放统一录制的专属放松冥想录音(10~15分钟),内容融合了呼吸调整、全身放松、水光净化、正念冥想等。

二、意念暗示

身心减压师在心中默想数次：我能轻松找到所有的手触点位。

为了帮助自己在操作过程中保持专注，在进行每个具体点位步骤操作时，身心减压师都需要默想相应点位的名称。赋予每个点位相应的意义，有利于聚焦对应内容的思想、信念、态度、情绪、想法等。

三、拉动能量

（一）身心减压师的左手掌心朝上置于服务对象后脑的力量带，右手三个手指放在其眉心位置上（如图6-1所示）。身心减压师在心里想象拉动服务对象的能量，使其流动起来：将能量从服务对象的两只脚底拉出，让其贯穿服务对象的身体，直到头部，然后进入身心减压师的双手，再从身心减压师的头顶（百会穴）流出去。如此循环往复，拉动能量，让能量流动起来。

 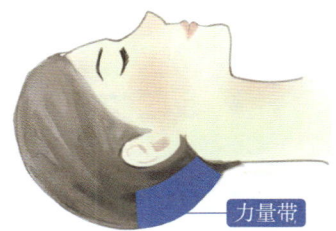

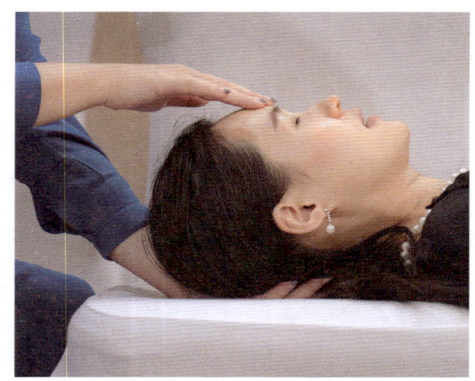

图 6-1　拉动能量

（二）身心减压师将双手中指分别放在服务对象脚掌中央的凹陷处（涌泉穴），导引能量从服务对象头部向下贯穿身体流到脚底，再进入身心减压师的双手，从身心减压师的头顶流出，如图 6-2 所示。应保持导引能量顺着这个方向流动数次。

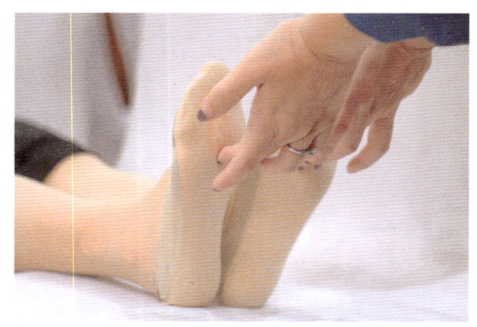

图 6-2　涌泉穴导引

（三）身心减压师把双手中指置于服务对象双手的掌心，服务对象双手中指也置于身心减压师的掌心，导引能量从服务对象的头部向下，流动至其双臂，然后进入身心减压师的双手，再从身心减压师的头顶流出去，如图 6-3 所示。如此循环数次。

图 6-3　掌心导引

通过拉动能量，服务对象身体凝滞的能量开始有序流动，思想、感受、情绪带来的大脑区域阻塞电荷更容易释放，身体也会感觉比较舒服。

四、手触点位

（一）植入带。

植入带位于双耳后隆起部位的后方凹陷处。

身心减压师把双手三四根手指置于服务对象双耳后侧植入带区域（如图 6-4 所示），默想：植入带，启动、启动……

通常在这个位置需要运行 20 分钟以上（婴幼儿除外，通常婴幼儿仅需要几分钟）。

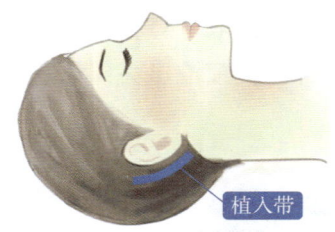

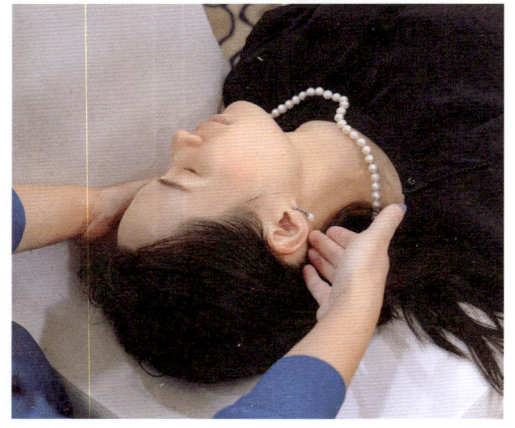

图 6-4　植入带

（二）金钱、控制、创造力。

金钱：位于两侧耳朵顶部三个手指宽度处。

控制：从金钱点位向后一个手指及往下半个手指的位置。

创造力：金钱点位往后两个手指的位置。

身心减压师用双手食指、中指、无名指分别置于服务对象头部两侧的金钱、控制、创造力三处对应点位（如图 6-5 所示），默想：金钱、控制、创造力，启动、启动……

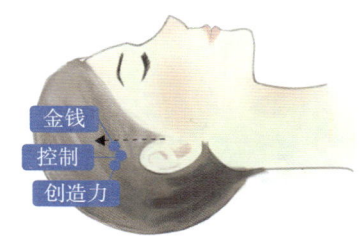

图 6-5　金钱、控制、创造力

（三）创造力、创造连接、创造生命形态。

创造连接：紧挨创造力点位斜下方 45 度的位置。

创造生命形态：紧挨创造连接点位斜下方 45 度的位置。

三点连成一条直线。

身心减压师双手将上一点位中的食指挪到无名指处，中指、无名指顺势移位到 45 度斜线上（如图 6-6 所示），默想：创造力、创造连接、创造生命形态，启动、启动……

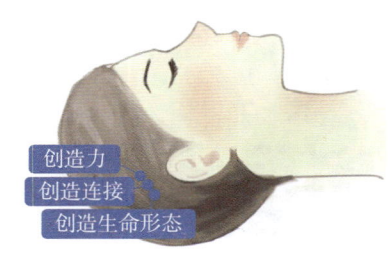

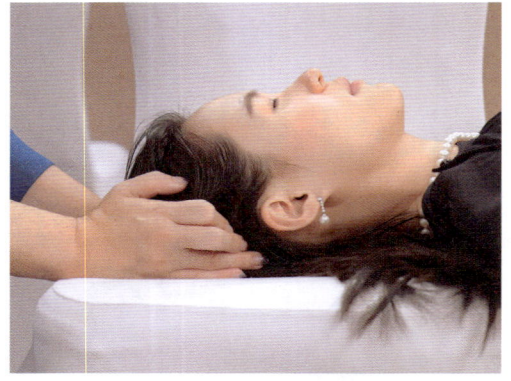

图 6-6　创造力、创造连接、创造生命形态

（四）老化带。

老化带：共两条，位于头顶，分别与两个内眼角成一条直线位于两条直线向头顶的延长线处。

身心减压师可用双手指甲而非指尖放在老化带上（如图 6-7 所示），默想：老化带，启动、启动……

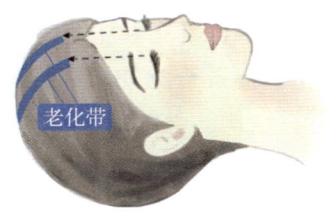

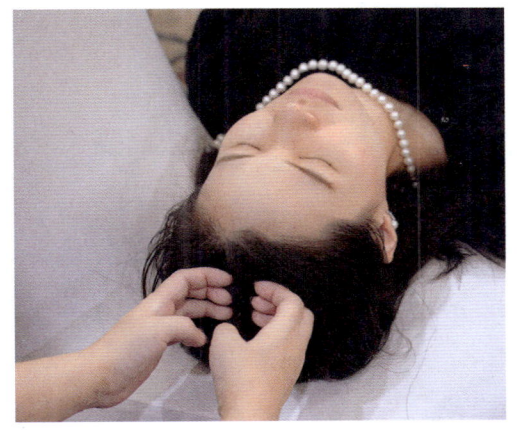

图 6-7 老化带

（五）形态与结构、希望与梦想、连接带、觉知力、控制。

形态与结构：紧挨眉尾的轻微凹陷处。

希望与梦想：紧挨太阳穴（疗愈点位）的后方轻微凹陷处。

连接带：发际线往后一寸，横过头顶前部。

觉知力：控制点位往左、往下各一指的位置。

控制：从金钱点位向后一个手指及往下半个手指的位置。

身心减压师分别将双手四个手指置于上述四个点位，大拇指置于连接带上。其中，食指和中指置于形态与结构、希望与梦想，无名指和小指置于觉知力和控制点位（如图 6-8 所示），默想：形态与结构、希望与梦想、连接带、觉知力、控制，启动、启动……

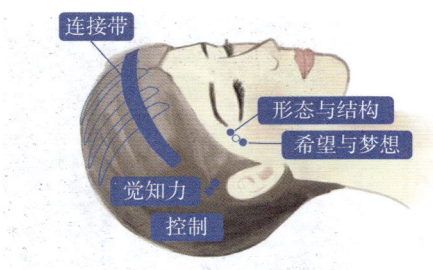

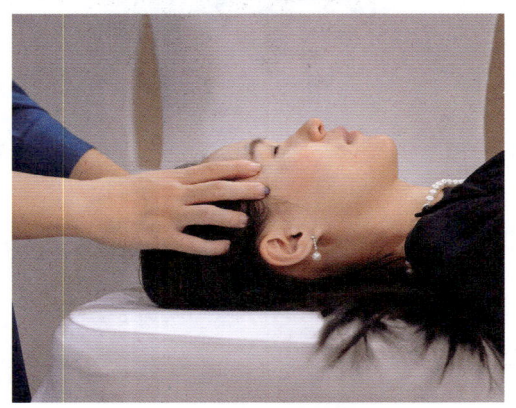

图 6-8　形态与结构、希望与梦想、连接带、觉知力、控制

（六）喜悦、悲伤、性、身体、疗愈。

喜悦：位于左眼中心正上方前额处。

悲伤：位于右眼中心正上方前额处。

性：位于左眼中心正上方、向头顶的延长线处。

身体：位于右眼中心正上方、向头顶的延长线处。

疗愈：位于太阳穴中央。

身心减压师分别将双手三个手指置于上述三个对应点位，其中，两个大拇指分别置于性和身体，两个食指分别置于喜悦和悲伤点位，两个中指分别置于两侧疗愈点位（如图6-9所示），默想：喜悦、悲伤、性、身体、疗愈，启动、启动……

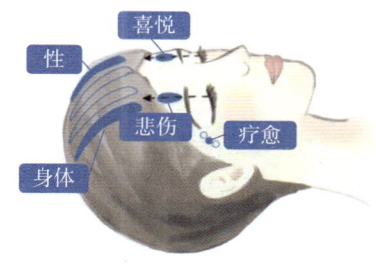

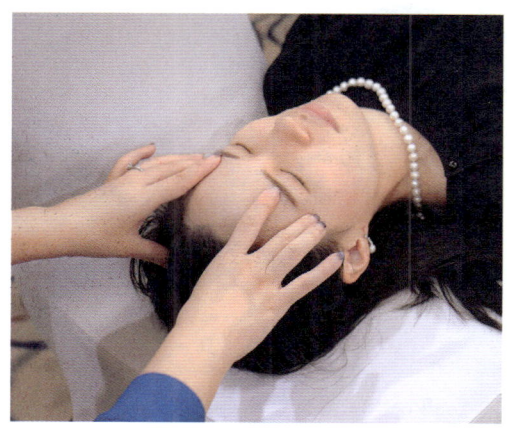

图6-9 喜悦、悲伤、性、身体、疗愈

（七）善意、感恩、和平与平静。

以耳朵右上方划出十字区域，右下方品字形紧挨的三指位置分别为善意、感恩以及和平与平静。善意和感恩点位上下紧挨着。

身心减压师将双手食指、中指、无名指分别置于服务对象头部两侧上述三个对应点位（如图 6-10 所示），默想：善意、感恩、和平与平静，启动、启动……

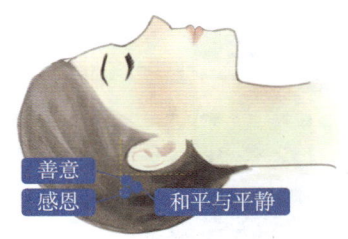

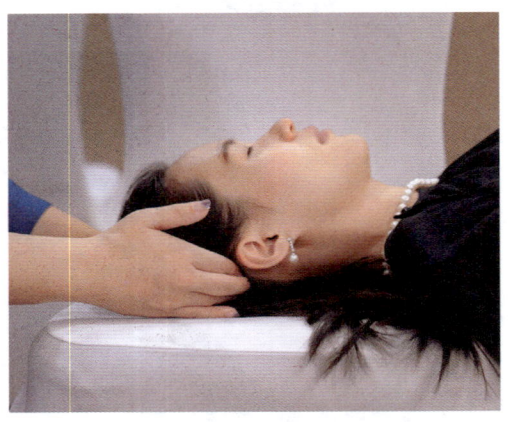

图 6-10 善意、感恩、和平与平静

（八）时空、沟通。

时空：位于发际线，与耳朵成45度角的位置。

沟通：位于发际线，时空点位下方，与耳朵成45度角的位置。

身心减压师将双手食指、中指分别置于服务对象头部两侧上述两个对应点位（如图6-11所示），默想：时空、沟通，启动、启动……

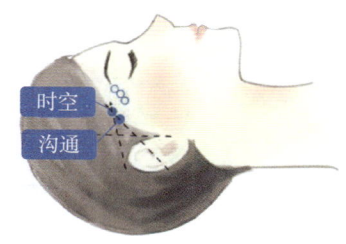

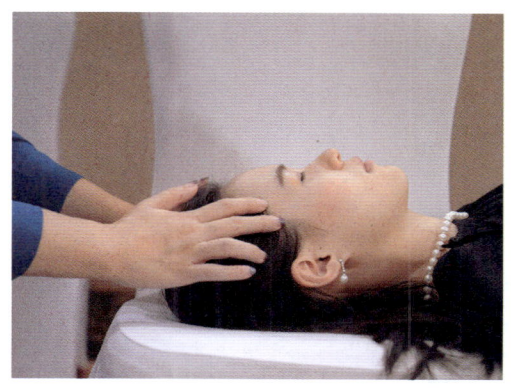

图6-11 时空、沟通

（九）身体重组点位。

重新激活：位于左眼外眼角正上方、向头顶的延长线处。

重新创造：位于右眼外眼角正上方、向头顶的延长线处。

身心减压师将双手拇指分别置于重新激活、重新创造，双手食指分别置于头部两侧时空点位，双手其余三指置于力量带（如图6-12所示），默想：身体重组，启动、启动……

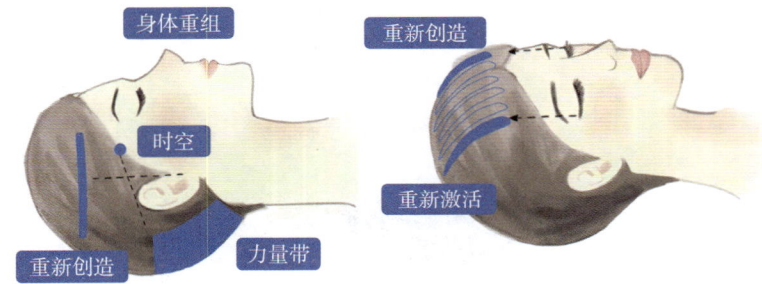

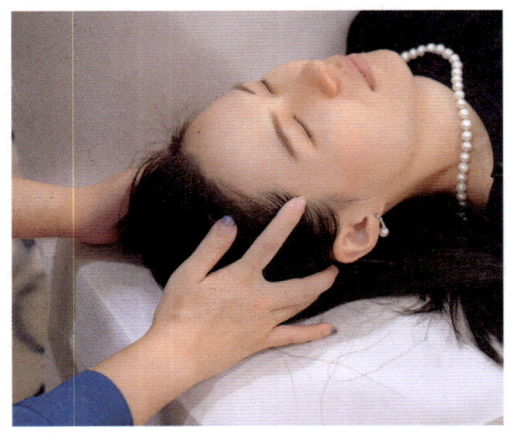

图6-12 身体重组点位

（十）显化之圈。

显化之圈：位于后脑，大小与位置与覆盖头顶的小圆帽相似。

身心减压师将双手大拇指向上触碰头顶正上方，其余四指兜进头后部（如图 6-13 所示），默想：显化之圈，启动、启动……

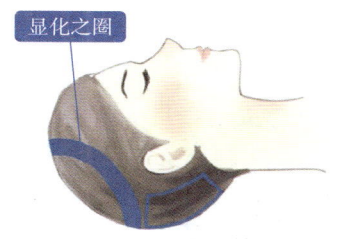

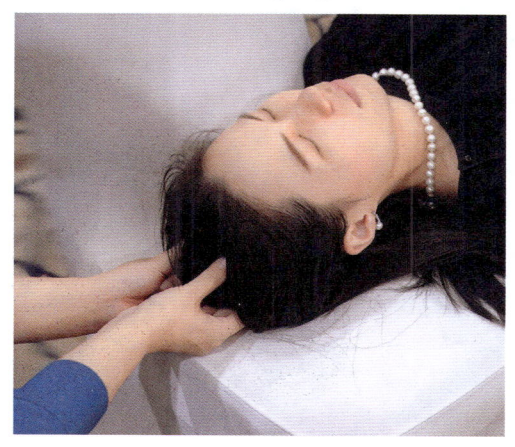

图 6-13　显化之圈

（十一）时空隧道。

时空隧道：这四个点位位于喜悦和悲伤点位之上，靠近发际线处。

身心减压师用双手食指、中指悬空置于两眉上方（不触碰），慢慢地垂直往上拉，与额头形成直角拉动能量，像拉出了两根天线的感觉（如图6-14所示），默想：时空隧道，启动、启动……

此手法只需持续30~60秒即可。

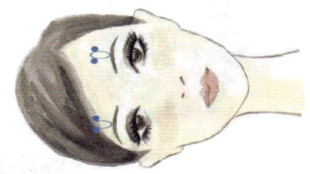

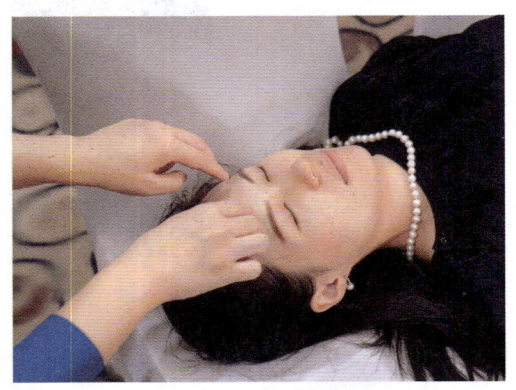

图6-14 时空隧道

（十二）奥妙之冠。

奥妙之冠：位于头顶正上方的一个大圈。

身心减压师将双手拇指在上,其余四指在下,形成一个圆圈,双手从头部开始往后退,直到感觉找对了距离。这时候,能感受到靠近头顶的能量密度和较远位置的有轻微不同。此时,身心减压师向自己怀里的方向拉动,像打开了服务对象的天灵盖,直到感觉自己的头顶都被打开,感觉能量从身心减压师自己的头顶拉动出来(如图 6-15 所示),默想:奥妙之冠,启动、启动……

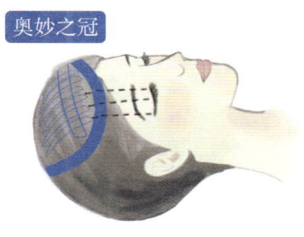

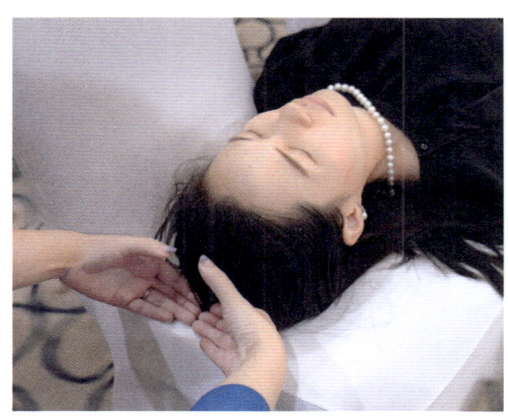

图 6-15 奥妙之冠

每次进行头触疗法服务时,对成年服务对象的服务时间为60~90分钟，婴幼儿为10~20分钟。如果疗法结束时服务对象睡着了，可轻拍唤醒他后，及时给他补充糖、盐、水，如果环境允许，也可不打扰让其安睡。

进行头触疗法服务后，极个别服务对象可能有头疼的感觉。如有头疼症状，可让服务对象自我提问：是其他原因导致的头疼还是头触疗法引起的？如果确定是头触疗法引起的，引导他在头疼部位附近摸到一个发热的痛点，然后使劲按下去，头疼便会停止。

第七章
呼吸疗法

第一节
呼吸疗法的科学原理

呼吸疗法是重要的身心减压技术之一。人生就在这一呼一吸之间,从"哇"的一声呱呱坠地,到长出一口气撒手人寰,呼吸代表了肉体生命的存在。

一、呼吸节律与排毒

(一)呼吸节律。人在婴幼儿时期的自然状态下主要是腹式呼吸,而那些在儿童期外部环境发生不利变化的或者成年后未经刻意训练的大部分人,呼吸都会变成浅表、短促的胸式呼吸。

不同的情绪对应不同的呼吸频率，尤其在紧张恐惧时，人们甚至会忘记了呼吸、停止呼吸。处于生气、悲伤、焦虑、快乐、兴奋、平和的情绪时，人会有不同的呼吸节律，从而影响神经系统。而有意识地引导和改变呼吸的节律，就可以反向影响我们的情绪，进而影响神经系统，甚至影响到我们的思想意识，从而促进身心平衡。

现代社会长期处于压力之中的人们，其交感神经受到过度刺激，常常处于紧绷状态，而让人们感觉爱、快乐和放松的副交感神经，却常常被压抑。通常的精神科药物可以抑制交感神经的兴奋，却无法激活副交感神经，这也是为什么使用药物治疗抑郁症的患者，虽然其抑郁状况有所缓解，却难以快乐起来。而专业的呼吸练习却可以让交感神经安静下来的同时，帮助刺激迷走神经（副交感神经的一部分），让人们逐渐开始感觉到喜悦、平静和爱。

（二）排毒。人体有三大排毒器官，即皮肤、肾和肺，其中大部分毒素必须经肺由呼吸排出体外。而普通人一般只用到了20%左右的肺活量。当一个人长期缺乏正确、充分呼吸时，其皮肤和身体的状况都更容易老化，情绪瘀堵而不容易流动。

呼吸疗法是启动每个人身体内在自动疗愈系统的一种很重要的方法。

二、呼吸疗法对身心健康的影响

在呼吸疗法中，不同节律的呼吸练习对身心健康具有积极的影响：

（一）放松身心。深长舒缓节律的呼吸练习可以降低身体应激激素如皮质醇和肾上腺素的水平，缓解紧张和焦虑情绪，减轻压力感和压力反应，促进身体进入放松和恢复的状态。

（二）释放情绪。急促深长节律或特定交替节律的呼吸练习会强烈刺激身体，从而激发出长期压抑埋藏的情绪，通过呕吐、哭泣等方式得以安全释放。

（三）改善心理健康。呼吸练习可以增加氧气供应，改善大脑的氧气和营养供应。这对提高注意力及其集中度、增强思维能力等方面具有积极的影响。

（四）调整自主神经系统。不同节律的呼吸练习可以促进交感神经和迷走神经的平衡，这对于恢复身心的平衡和提高自主调节能力至关重要。

第二节
常用的呼吸练习

不同节律的呼吸练习会有不同的针对性和疗效,以下提供几种常用的呼吸练习方法,供身心减压师自我实践并教给服务对象。不需要带领服务对象进行呼吸练习,因为每个人的呼吸节律和情绪释放节奏不同,所以要根据服务对象的个体情况,将方法简单示范传授即可。

一、助眠呼吸法

(一)以舒服的姿势坐着或者躺着,闭上眼睛,把注意力聚焦到呼吸上。

（二）让自己的呼吸加深、加长，以这样深长的节律持续呼吸几分钟。

（三）过程中如果呼吸的节律开始变化，随它变化，任由呼吸由慢到快、由快到慢。将注意力集中在观察呼吸上。

（四）头脑中浮现任何思绪都不要理会，也不要跟随，把注意力拉回，持续聚焦在呼吸上。

（五）大约10分钟后，可以让呼吸慢慢平缓下来。如果是坐着，此刻可以滑进被子里；如果是躺着，则继续专注于呼吸，慢慢地让自己自然睡着。

二、交替呼吸释放法

（一）以舒服的姿势坐着或者躺着，闭上眼睛，把注意力聚焦到呼吸上。把一只手放在肚子上，每次吸气，感觉肚子像气球一样鼓起来；每次呼气，肚子瘪下去。这样连续3分钟。

（二）继续把注意力集中在呼吸上，让自己的呼吸加长、加深，更长、更深，到达一定节律后，呼吸会自然调整为快速呼吸。当快速到一定程度后，深吸一口气，再转成深沉的呼吸。然后持续交替，每次深沉呼吸持续2分钟左右，快速呼吸1分钟左右。随着呼吸节律变换，从慢到快，再从快到慢，不同节律与深度就在自然发生，身体和情绪的疗愈也会自然启动。过程中如果有任何身体的感受包括酸、麻、抖、胀、痛、恶心、呕吐等，都是正常的，不要担心，不要紧张，更不要压抑，要放松，允许身体释放。如果有任何情绪的流动，不要压抑，允许流淌，无论是哭是笑还是骂，都是允许的，你是安全的。

（三）交替呼吸持续10分钟后，继续闭着眼睛，让呼吸慢慢减缓，自然进入放松静心的状态，让自己平静下来，放松地休息5~10分钟。如果此刻呼吸依然保持着快节奏，没有减缓的迹象，那么跟随身体的任何节律，都是允许的。继续再呼吸2~3分钟后，让呼吸慢慢平缓下来，再进入彻底放松休息的状态。

（四）水可以加速排毒，因此呼吸练习后饮水量会比平时有所增加，要保证充分饮水。

三、横膈膜呼吸（犬式呼吸）释放法

（一）强烈的犬式呼吸释放法用以刺激压抑已久的深层情绪通过身体来释放，每次几分钟即可。由于呼吸快速强烈，会缺氧头晕，高血压、心脏病患者请勿进行。建议选择在卫生间或者相对不受打扰的安全空间进行，提前预备垃圾袋或垃圾桶、纸巾等。

（二）确保站立或者坐姿稳定放松。如果站立，一旦头晕，确保周围有可扶的地方而不至于摔倒。

（三）采用此方法时可以闭眼也可以不闭眼，快速、大力地用口呼吸，发出"哈哈哈……"的出气声，感受强烈的气体冲击（非腹式呼吸）。以此频率大口快速呼吸后，易引发呕吐，不用克制，吐出来。另外，出现身体酸、麻、抖、胀、痛等感觉以及哭泣等任何反应都是正常的。

（四）释放后，让自己的呼吸和身体慢慢平静下来，进入休息状态，会觉得一身轻松。

四、重生呼吸法

（一）轻松吸气，爽快吐气（快、用力），用鼻呼吸，没有时间空当。

（二）经常练习此方法一段时间后，会感觉身心放松愉悦。

五、稳定心神呼吸法（吸闭吐呼吸法）

遇到上台发言、考试、讲话前或任何紧急状况发生时，用此方法可让自己在几分钟内安定下来。

（一）将注意力关注到呼吸上，深深吸气，吸气要慢；憋气尽可能久；缓慢吐气。重复10次。

（二）接着做放松且正常的呼吸，尽量深长。

（三）整个过程1~10分钟，效果立竿见影。

六、数息呼吸法

（一）以舒适的坐姿，建议盘腿，保持放松专注。

（二）逆腹式呼吸，用鼻子像闻花一样轻轻吸气，紧缩会阴部，胸部自然膨胀，腹部自然收缩；呼气时用鼻子呼出去，小腹鼓起来，会阴部放松。

（三）每次吸气时，心中想着"吸"，呼气时数息计数。一吸一呼数息"1"，从1到10，再从10到1，往复循环。如果还没数到10，思绪被干扰中断了，就再从1开始数起。

（四）数息呼吸法能够让人将心念聚焦在气息和数字上，借以停止纷乱的思绪干扰和消耗，持续一段时间的练习，能使人呼吸调和、内心安定。

七、憋气法

憋气的原理是：鼻窦合成的一氧化氮具有气喘喷剂和降血压药的效果，可以让血管和支气管扩张。当鼻塞时，利用几十秒钟时间的憋气，使鼻腔内积聚起更多的一氧化氮，能够帮助鼻子通气。除了鼻塞的时候，平时多进行憋气练习，还能够帮助我们激活副交感神经，缓解头疼、焦虑、紧张和压力，带来身心的轻松。

（一）正常经鼻呼吸数次，自然匀速。

（二）吸完气后或吐完气后，屏住呼吸，开始憋气并计时。

（三）出现想呼吸的自然征兆时，忍耐一下才恢复呼吸。屏住呼吸的时候，体会对横膈膜和肋间肌造成的压力，带来类似按摩的效果。憋气训练需循序渐进，切忌过度憋气，引发肺部缺氧。

（四）建议饭后一至两小时再进行憋气训练，坚持每天做几次，经过一段时间的训练，很多人都能轻松达到憋气2分钟以上，有效提高肺活量。

第八章
放松疗法

第一节
放松疗法的科学原理

一、放松疗法的重要性

身心减压服务中,放松疗法的核心技术是引导服务对象进行放松练习。放松练习是一种通过有意识放松身体的方法来减轻紧张感和压力的练习,包括肌肉放松、冥想、想象和可视化等不同技术。它是通过刺激迷走神经和激活副交感神经系统,从而缓解身体的应激反应和紧张情绪,促进身心的平静和放松。

二、放松练习对身心健康的影响

放松练习对身心健康具有积极的影响，具体如下：

（一）放松身体。帮助人们放松肌肉，减少肌肉的紧张和疼痛感。

（二）缓解压力和焦虑。降低肾上腺激素的释放，减轻压力感和焦虑的感受，转移注意力，减少负面思维，提升内心的平静和愉悦。

（三）改善睡眠质量。缓解入睡困难和夜间频繁醒来的问题，改善睡眠的深度和连续性。

（四）增强注意力及其集中度。减轻身体和心理的紧张感，可以使人更好地专注于当前任务，提高工作和学习的效率。

第二节
常用的放松练习

身心减压师可根据个人喜好选择适合的放松练习,带领、教授服务对象进行放松。

一、身体扫描放松法

(一)以舒服的姿势坐着或者躺着,闭上眼睛,把注意力聚焦于呼吸上。

(二)在心里默默发出清晰指令。从头皮开始,依次将注意力移动到身体的不同部位,扫描整个身体。当注意力集中于某个部位时,心中同步默想"某某部位放松、放松……"使全身上下、从里到外，逐步在指引下感到放松和舒适。尤其针对身体不适部位，可重点觉察和重点放松。

（三）放松引导示例：头皮放松、额头放松、眉毛放松、两只眼睛放松、面颊放松、鼻子放松、牙齿舌头嘴唇放松、下巴放松、颈部放松、双肩放松，双臂放松，感觉双臂像两条湿毛巾一样重重地垂下来；背部放松、腰部放松；胸腔放松、腹腔放松、盆腔放松，五脏六腑所有的脏器放松；臀部放松、大腿放松、膝盖放松、小腿放松；整个手掌、脚掌连同十个手指尖、十个脚趾尖都彻底放松了。非常棒！现在你的全身从里到外、从上到下每个细胞都放松了！

根据休息时间长短，可自由增加或减少放松的部位。

二、数字放松法

（一）以舒服的姿势坐着或者躺着，闭上眼睛，把注意力聚焦于呼吸上。深深吸气，放松呼气，随着一呼一吸，感觉你的身体越来越放松了。

（二）从 1 数到 10，每数一个数字，你都会更加放松，内心更加平静。1，越来越放松，身体舒展；2，更深更深地放松、放松；3，越来越舒展，越来越放松，感觉全身已经交托给大地，重心交托给大地母亲；4，更深更深地放松、放松；5，越来越舒展，越来越放松；6，进入更深更深的放松；7，感觉你从里到外每个细胞都放松了；8，深沉地放松、放松；

9，更深更深地放松、放松；10，你已经彻底放松了，非常放松，非常平静，所有的细胞都自由舒展了。

三、白云放松法

（一）以舒服的姿势坐着或者躺着，闭上眼睛，把注意力聚焦于呼吸上。深深吸气，放松呼气，随着一呼一吸，感觉身体越来越放松了。

（二）想象在你的眼前出现了蔚蓝的天空，一朵朵白云飘浮在空中，蓝天白云下面是一片绿油油的大草地，草地上有一棵非常茂盛的大树。

（三）想象此刻自己躺在柔软的草地上，微风轻轻拂过你的面颊。你看着天上一朵你最喜欢的白云，它慢慢地飘到你的身旁，盖在你的身上，托起你的身体。你感觉自己的身体越来越轻，越来越轻，像白云，甚至像一根羽毛一样，在天空中飘啊飘啊，自由地飘来飘去，那么轻盈，那么放松，整个天空都属于你。

四、渐进式肌肉放松法

（一）以舒适的姿势坐好，做三次深长的腹式呼吸。

（二）握紧拳头，攥紧到极致，保持7~10秒后，瞬间放松，感觉到手指一点点都张开了，保持放松状态10~20秒。

（三）双臂向前举起，与地面平行，将手掌张开竖起，向前用力推出，将两个手掌尽量向后弯，紧绷起来，让手掌、手背、手臂都紧绷起来。保持7~10秒钟后，瞬间放松，保持突然放松的状态，整个手臂放松到指尖，保持放松状态10~20秒。

（四）握紧双拳，手臂在胸前举起，绷紧双臂的肱二头肌，紧绷到极致。保持7~10秒钟后，瞬间放松，保持放松状态10~20秒。

（五）抬高双肩尽量靠近耳垂，肩颈斜方肌紧绷起来，紧绷到极致。保持7~10秒后，瞬间放松，保持放松状态10~20秒。

（六）注意力关注到眉毛上，用力抬高眉毛，保持7~10秒钟后，瞬间放松。感觉眉心的舒展，保持放松状态10~20秒。

（七）闭上眼睛，把注意力集中到嘴巴上，把嘴巴撑开成极致的"一"形，保持7~10秒后，瞬间放松。感受脸部肌肉的放松，保持放松状态10~20秒。

（八）做扩胸运动，用力让两个肩膀向后靠在一起，感受后背的紧绷、紧绷、再紧绷，保持7~10秒钟后，瞬间放松。感觉背部肌肉的放松，保持放松状态10~20秒。

（九）深深吸一口气，憋在胸部，鼓起胸部，保持7~10秒钟后，瞬间放松。感觉肋骨周围肌肉的放松，保持放松状态10~20秒。

（十）深深吸一口气，绷紧腹部，保持7~10秒钟后，瞬间放松。感觉腹部肌肉的放松，保持放松状态10~20秒。

（十一）把双腿伸直，脚掌向下压，感觉臀部和腿部肌肉的紧绷，让臀部再用力，保持 7~10 秒钟后，瞬间放松。感觉臀部、腿部肌肉的放松，保持放松状态 10~20 秒。

（十二）双腿继续平放并向前方伸直，把双脚向后压，同时用力张开脚趾，再用力，保持 7~10 秒钟后，瞬间放松。然后将脚趾用力向内卷，紧绷再紧绷，然后彻底放松，感觉脚趾和脚心的舒展和放松。

（十三）可以继续坐着或者躺下，闭上眼睛，从上到下逐一放松全身每个部位。此刻只放松，不再松紧交替。

在我广阔的人生中，
一切都是完美、完整和完全的。
今天是美好的一天。
这是我的选择。
我的世界，一切都好。

——露易丝·海
《生命的重建》

第九章
冥想和正念疗法

冥想和正念疗法也是常见的身心减压技术,通过培养专注、觉知和接受的能力,身心减压师可以通过此技术帮助服务对象达到内心的平静和平衡。

第一节
冥想练习的科学原理及其对身心健康的影响

一、冥想练习的科学原理

冥想是一种通过集中注意力和具体的意识引导,培养内心平静、专注和觉知的练习,其科学原理是基于神经可塑性和大脑的功能变化。通过冥想练习可以改变大脑的连接和活动模式,从而在神经系统中产生持久的变化。

二、冥想练习对身心健康的影响

（一）放松身心。冥想练习可以帮助人们放松身体、缓解肌肉紧张和身体上的压力，通过深度呼吸、注意力的集中和放松的姿势，可以帮助练习者进入放松和平静的状态。

（二）清晰思维。冥想练习可以提升人们的注意力及其集中度，通过训练注意力的稳定性和灵活性，可以改善练习者的思维清晰度和心理敏捷性。

（三）调节情绪。冥想练习可以帮助人们调整情绪和情感，通过觉察内在的情绪和情感状态，可以培养练习者对自身情绪的觉察和接纳，从而减轻负面情绪并增加积极情绪的体验。

（四）提升心理健康水平。冥想练习通过放松身心、培养正念和觉知，可以减轻练习者焦虑、抑郁等心理问题，提高幸福感。

第二节
正念练习的科学原理及其对身心健康的影响

一、正念练习的科学原理

正念是指以觉知和接受当前的经验为基础的一种注意力训练,其科学原理是基于神经可塑性和注意力的调节机制。正念练习可以增强人们对当前经验的觉知,并在大脑中建立新的神经连接,从而改变思维方式和情绪反应。

二、正念练习对身心健康的影响

(一)放松身心。正念练习通过培养觉知和接受当前经验的能力,可以帮助人们放松身心,减轻身体和心理的紧张感。

（二）增强注意力及其集中度。通过培养觉知的能力，练习者可以更好地专注于当前的经验和任务，减少分散注意力和杂念的干扰。

（三）调节情绪。正念练习可以帮助人们调节情绪和情感。通过觉察内在的情绪状态和思维模式，练习者可以培养非评判性和接纳性的态度，减轻负面情绪的影响，增加积极情绪的体验。

（四）增强自我意识。正念练习可以提高人们对内心体验和自我认知的觉察。通过觉察自身的思维、情绪和身体感受，练习者可以更清楚地了解自己，增强自我意识和自我理解。

第三节
常用的冥想练习和正念练习

一、水净化冥想

（一）以舒服的姿势坐着或者躺着，闭上眼睛，把注意力聚焦于呼吸上。深深吸气，放松呼气，随着一呼一吸，感觉身体越来越放松了。

（二）想象一道神奇水流从你的头顶注入，冲刷全身，持续地冲刷，从头到脚，从里到外。冲刷头部、颈部，冲刷双肩、双臂，冲刷大腿、小腿，冲刷胸腔、腹腔、盆腔，冲刷五脏六腑所有的脏器，冲刷、冲刷，持续地冲刷。你看到冲刷后的混浊液体从你的手心、脚心流出来，流向大地，滋养大地。继续冲刷，持续不断地冲刷，这股神奇的水流能够自由进出你所有的细胞，把细胞中的杂质、过往药物残留、来自过去的负面细胞记忆、负面情绪、空气污染……都从细胞中冲刷而出。冲刷、冲刷，哪里不舒服，或者紧或者堵，就重点冲刷哪里，冲刷、冲刷……渐渐地，你看到你全身变得晶莹剔透、闪闪发光，所有的细胞都像QQ糖一样充满弹性、充满活力。

二、光净化冥想

（一）以舒服的姿势坐着，闭上眼睛，把注意力聚焦于你的呼吸上。深深吸气，放松呼气，随着一呼一吸，感觉身体越来越放松了。

（二）想象一道光从你的头顶照下来，带着满满的爱和善意，照亮了你的全身。你像太阳一样放射出万丈光芒，照亮了身边的人，照亮了整个小区，照亮了整个城市，照亮了整个国家，照亮了整个地球。越来越亮，越来越亮，这道光一直弥漫到宇宙最深处。

三、万物连接冥想

（一）找一个安静舒适的地方坐下来，双脚置于地面，闭上眼睛，将注意力置于周围的环境中。

（二）感受空气的温度、湿度，各种触感，聆听周围的声音和其他感官的刺激。

通过专注于环境万物的感知，练习者与环境建立连接，进一步促进放松和觉知的状态。

四、正念体验练习

（一）选择一个特定的活动或体验，如洗碗、散步或进食等。

（二）全神贯注地投入这个活动中，并意识到当下的感受和体验，不加评判或批判。

（三）将注意力放在每个瞬间，通过观察感官体验、思维和情绪的流动，培养觉知和接受的能力。

五、情绪觉察练习

（一）找一个安静的地方坐下来，闭上眼睛，将注意力集中在内心的感受和情绪上。

（二）观察和接受当下的情绪状态，不加评判地观察情绪的出现和消失。

（三）注意身体的反应和感受，不断观察和接纳内心真实涌动的情绪体验，培养情绪觉察的能力。

以上是冥想和正念疗法中的一些常见练习方法，身心减压师可以根据服务对象的需求和喜好进行调整和选择。重要的是，保持耐心和持续性，逐渐提高练习的时间和深度。如果需要更多指导，建议参加专项的冥想和正念练习指导课程，以获得更深入的理解和个性化的支持。

第十章
艺术和创意表达疗法

艺术和创意表达疗法是一种有力的身心减压技术,它通过创作艺术作品和其他艺术表达活动来帮助人们释放情绪、增强自我意识,以及促进身心的平衡和整合。

第一节
艺术和创意表达的意义及常见疗法

一、艺术和创意表达的意义

艺术和创意表达是一种自我表达和情感释放的方式。通过参与艺术和创意活动,人们可以将内心的情感和体验转化为创作的过程,从而达到情绪的宣泄和情感的外化。这有助于缓解人们内心的压力，减轻焦虑和抑郁，提高心理的平静和愉悦感。

二、常见的艺术和创意表达疗法

（一）舞动疗法。通过舞动身体，人们可以找到自由表达和情感释放的出口。目前，舞动疗法在身心健康和康复领域中得到了广泛应用。

（二）绘画疗法。通过绘画，人们可以自由地表达自己的思想、感受和情绪。身心减压师通过引导，帮助服务对象使用颜料、画笔等工具，在纸上或画布上创造出独特的艺术作品。

（三）手工制作。手工制作项目，如编织、陶艺、拼贴、雕刻等，可以帮助人们专注于创作过程，体验手部动作的平静和放松。

（四）音乐疗法。五音疗病，自古就有，一些特殊的音频音律能调和五脏。通过参与音乐创作、演奏乐器或欣赏音乐，人们可以在美妙的音乐中找到放松和安宁。此外，一些特殊的乐器也具有疗愈和镇静安神的效果，如颂钵、铜锣等。

（五）书写疗法。书写是一种可以表达思想和情感的方式。通过书写，人们可以倾诉内心的感受、减轻压力感，并培养觉悟和自我认知的能力。

每一个不曾起舞的日子,都是对生命的辜负。

——尼采

第二节
舞动疗法

舞动疗法是创造性艺术疗愈的一种,它利用自由的舞蹈或即兴动作促进个体情绪、情感、身体、心灵、认知和人际等层面的整合,既可以治疗身心方面的障碍,也可以增强个体意识,改善心智。参与者不需要有任何舞蹈基础,只需要随着音乐翩翩起舞,用身体的记忆唤醒潜意识中的种种情感体验,并将其释放,达到疗愈的效果。

一、聆听身体的语言

（一）站在地毯上，感受大地带来的支撑力；靠在同伴身上，感受彼此间的温暖和支持。

（二）过程中，跟随不同节奏的音乐，闭上眼睛，做任何想做的动作，可舒缓，可疯狂，释放出平时不敢想、不敢使用、不敢发动和不敢面对的力量和情绪。

（三）用身体感受和表达大自然中的不同韵律，如流动、断奏、旋转、混乱等，体会来自大自然的频率与能量，与大自然共舞、共振，并通过肢体释放表达相应情绪。

二、修复

（一）舞动过程中，忘记所有的规范规则，忘记所有定式动作，感受身体自发的舞动，听从身体的需要去延展、颤动或者收缩。允许情绪流动，允许感受和思绪的流淌释放，直到平静。

（二）在人们的潜意识中，愉快的记忆会常常被提起，痛苦的记忆却往往会被回避，但是身体记忆不会回避痛苦的经历。舞动疗法是让身体自己说话，心随身动。

舞动疗法是以身体动作为主要沟通表达的媒介，充分释放人潜藏在内心深处的焦虑、愤怒、抑郁、悲哀等负面情绪，从而告别孤独、减轻压力，化解和消除心理创伤带来的身心影响。

第三节
曼陀罗绘画减压法

曼陀罗绘画是一种历时上千年的古老的艺术形式，源于佛教和印度文化。它是一种几何图案，代表着宇宙的结构和内心的境界。曼陀罗绘画通过绘制和填色曼陀罗图案，帮助绘画者与自己内在的宁静和平衡建立联系。曼陀罗绘画减压法的步骤具体如下。

一、准备材料和环境

选择一个安静、舒适的空间，准备好画纸、彩笔等工具，确保环境能够让人进入放松和创作的状态。

二、放松准备

在开始绘画之前,可以进行呼吸放松练习,以减轻心理压力和焦虑,培养专注力和创造力。

三、选择曼陀罗图案

选择当下心中最有感觉的一幅曼陀罗图案,可以对照进行绘制,也可以复印后直接进行填色。图案可以在网上或相关书籍中找到。

四、填色和细节

使用颜料或彩笔,根据自己的喜好,发挥创造力,对曼陀罗图案进行填色(如图 10-1 所示)。可以选择不同的颜色,精细涂色;也可以快速地大面积涂色,跟随内在感觉。

图 10-1　绘制曼陀罗图案

五、专注投入

在绘画过程中，参与者应心无旁骛，专注于绘画的每一笔和每一个细节，体验绘画的过程和内心感受，放松身心、增强专注力，获得自我表达和情感释放的体验。

六、结束和反思

在完成曼陀罗绘画后，参与者可以进行放松和反思，观察和体验绘画带来的内心变化和感受，加深对自己内心世界的理解，提高自我意识和情绪调节能力。

曼陀罗绘画减压具有表达和转化情绪的作用。运用过程中，通过结构性地涂色，有助于减少弥散性焦虑，增加内心的秩序感。

第四节
三封信书写疗愈法

书写疗法是指通过书写的方式,进行自我觉察、事件梳理、情绪整合等,书写的内容可以是特定主题,也可以是随机主题,通常包括觉察日记、成长记录、感恩簿等。以下提供的是一种深度书写疗法——三封信书写疗愈法。

一、你准备好了吗

问问自己,生命中还有无法完全原谅的人吗?若有,而且觉得想要面对和处理,可以考虑写封信给他们。但切记:不要寄出去!这只是你的自我疗愈。也唯有写的信不寄出，你才能真正做到无所顾忌、直面内心。

请你找一个不受打扰的空间，给自己充分的时间，全身心投入，一气呵成地完成三封信书写的自我疗愈过程。可以用笔写，也可以用电脑键盘输入。

二、第一封信

尽量责备，尽量骂，尽量生气，将所有的怒气、失望、悲伤写给对方，让对方知道你对他们真正的感觉与情绪。直到淋漓尽致地表达完，长舒一口气觉得平静了，就可以停笔了。

三、第二封信

借由自己的手，以对方的立场来回信。请以"某某，我收到你的信了……"开始这封信。开始后尽量放空头脑，把你心里不由自主流淌出的话语快速如实地记录下来，无论内容是你想到的还是从未想到的。如果对方对你有怨言、有委屈，也可以写出来。结尾处对方向你表达了歉意。

以对方名义写完第二封信后，心绪抽离出来，重新读完这封信再回信。

四、第三封信

按照你看完第二封信后的真实感受再写一封信给对方，无论是消除误解、是原谅、是释怀、是爱，还是愿意放过对方、放过自己，都如实回信，并在信的结尾表达感激。

要知道生命中遇到的所有事物都是礼物，只是有的"包装丑陋"。因为任何事件其实都伤害不了我们，而是事件带来的不同感受让有的人觉得受伤。例如：同样是从小家境贫穷，有的人认定挣钱很难，一辈子自卑困苦；有的人却下定决心出人头地，再不受穷。因此，贫穷成了一些人的限制，却也成了另一些人的动力。

让曾经因为各种原因无法表达的、卡住的情绪在此刻流淌出来、写出来、说出来。当情绪流走了，智慧就会自然升起。写完三封信，心绪抽离出来，回看这个人、这些事，相信你的感受会有所转变。所以让我们表达感激吧！感激这些发生，感激自己有勇气面对，感激我们勇敢地拆掉了"丑陋的包装"并拿回了生命的礼物，感激我们的成长和强大。

当然，这些信的内容只是建议，你也可以依照自己的感觉来写这些信，利用写信与对方的潜意识深度沟通。我们的思想潜意识事实上都是相连的、一体的，当你开始写信的时候，你会惊讶地体验到。试试吧，它的疗愈效果很惊人。

艺术和创意表达疗法在身心减压工作中起着重要的作用，这些艺术和创意减压方法，每个人都可以根据喜好和兴趣选择到适合于自己的一种或多种。通过这些方法，服务对象可以找到内心的平静、情感的释放，助力身心的平衡和整合。其中重要的原因是当你全身心投入时，这些艺术和创意减压方法将成为你个人表达和自我探索的美妙途径。

第十一章
辅助支持

第一节
倾听与沟通

要想做好一名身心减压师,掌握倾听与沟通技巧非常重要。一个苛刻的、容易评判的、贴标签的、易怒的或过于严肃的人,都会让身心减压服务对象感觉戒备、害怕,或者担心被指责、羞辱,从而远离。敞开、不带评判地包容和接纳,有效地倾听,带着善意和关怀进行沟通,身心减压师才能够更好地建立与服务对象之间的信任和合作关系,为他们提供有效的支持和帮助。以下将介绍一些关键的倾听与沟通方法,帮助身心减压师提升其辅助支持能力。

一、三个基本原则

真诚、允许、积极关注，通过这三个基本原则有利于营造服务对象自我发现、自我成长、自我实现的关系和氛围。

二、倾听技巧

（一）专注倾听。在倾听过程中，身心减压师应专注于服务对象的言语、情感和非言语信息，通过眼神接触、肢体语言，一边进行头触疗法，一边表达出对服务对象真诚的关注和尊重。

（二）不打断和不评判。不刻意引导服务对象进行倾诉和表达。在进行头触疗法过程中，服务对象主动想要表达自己的困惑、压力或经历时，要给予他们充分的空间和时间（在双方约定的服务时间范围内），允许且不评判，避免在服务对象表达时打断或加以是非对错的主观评价，更不要下结论或提供具体解决方案。只需适时回应"噢""了解""我感觉到你很愤怒/比较委屈/有些伤心……""明白了，你是这么想的"等，客观如实地表示接纳和理解，让对方感受到被看到、被理解。

（三）使用开放性问题扩展认知。例如：通过"你或他伤心/愤怒/委屈……的背后是什么呢？""其实你想要什么呢？""你觉得对方是想表达什么呢？""你觉得他为什么这么做呢？""还有什么可能性？""怎样可以更好？"等提问来引导服务对象更深入、更扩展地觉察、思考和表达。开放性问题能够激发服务对象的自我探索，帮助他们更好地理解和应对压力与挑战。

三、沟通技巧

（一）温和、友好和尊重的语气。用温和、友好和尊重的语气与服务对象进行交流，传达出你的关心和支持。要避免使用威胁、批评或贬低的语言、语气。

（二）同理心和共情。试着从服务对象的角度去理解他们的感受和经历。通过共情，身心减压师能够更好地与服务对象建立情感连接，让他们感受到理解和支持。

（三）清晰简洁的表达。应使用简单明了的语言，清晰地表达自己的意思。避免使用专业术语或复杂的句子结构，以确保服务对象能够理解你所传达的信息。

四、实践技巧

（一）反馈和确认。在与服务对象的交流中，应及时给予他们反馈和确认。通过重述服务对象的话语或总结他们的感受，确保你正确理解了他们的意思，并表达出你对他们的关注和支持。

（二）注意非言语沟通。除了言语交流外，还要注意服务对象的肢体语言、面部表情和声音的变化。这些非言语信号可以帮助你更好地理解服务对象的情感状态和需求。

（三）提供积极的反馈。当服务对象有了新的觉察和认知，表达出积极的观点或行为时，应及时给予他们肯定和鼓励。积极的反馈能够增强服务对象的自信和动力，提升他们应对压力的能力。

（四）每次倾听和沟通结束，服务对象离开后，身心减压师可运用工具"有趣的观点"来为自己清理情绪垃圾，默念多次"他有这些有趣的观点""我有这些有趣的观点"，帮助自己恢复到轻盈、放松的身心状态。

倾听和沟通技巧是身心减压师支持服务对象的关键能力。通过专注倾听，使用开放性问题、温和尊重的语气、同理心和共情、清晰简洁的表达、反馈和确认，以及注意非言语沟通和提供积极的反馈等技巧，身心减压师能够在提供服务尤其是实施头触疗法过程前后，有效地与服务对象建立信任和合作关系，给予其支持和帮助。在实践中不断培养和提升这些技巧，将会使身心减压师成为服务对象的良师益友。

第二节
情绪管理和情绪支持

作为身心减压师,情绪管理和情绪支持是成功支持服务对象的关键技能之一。在工作中,身心减压师将面对各种不同的情绪表达和情绪挑战,因此需要学会有效地管理自身情绪和支持服务对象的情绪。由己及人、成人达己,身心减压师是一个神奇的两相助益的职业,不只是付出劳动、收获财富,在自身身心状态上也会同步收获。从业越久,自身身心状态越好,给予服务对象的支持也更深厚、更有力量。本节将介绍一些情绪管理和情绪支持的技巧,帮助身心减压师更好地应对和帮助服务对象处理情绪问题。

一、针对身心减压师自身的情绪管理技巧

（一）自我觉察。首先，身心减压师需要培养自我觉察力，及时觉察到自己的情绪状态，感受情绪背后的深层原因以及如实看到它们对自身的影响。当我们不再畏惧情绪，而是接纳、允许和体恤时，就会了解到情绪的本质就是一股能量，宜疏不宜堵，身心减压师要敢于看到引发情绪的深层根源，并勇敢面对、自我疏导、自我修复、知行合一，真正践行所掌握的身心减压技法，这样会更好地帮助服务对象应对他们的情绪。

（二）情绪转化。做情绪的主人，熟练掌握多种情绪的转化方法，让情绪快速流动、不积压。通过攥拳释放法、犬式呼吸释放法、书写疗法、舞动疗法等方法，可以帮助身心减压师直面和转化情绪，避免被情绪所控。

（三）自我疗愈。没有无缘无故的情绪。激烈情绪发生时，把它当作一次自我疗愈的宝贵契机，勇敢追根溯源找到真正引发情绪的深层根源，甚至埋藏在原生家庭或过往创伤中的真正事件，通过专业的心理动力学沟通方式，修复创伤，抓住每一次焕发新生的机会。

二、针对服务对象的情绪支持技巧

（一）接纳和理解。接纳和理解服务对象的情绪，无论是积极的还是负面的情绪。不要试图改变或忽视他们的情绪，而是要展示出对他们的理解和支持。

（二）有效倾听。通过专注倾听和非言语沟通，展示出对服务对象情绪的关注和理解。接纳且不评判，不下结论，不给指向性引导及关于事件如何处理的具体意见。有的时候，服务对象只是需要倾诉。一边进行头触疗法，一边倾听服务对象诉说，比单纯倾听的身心减压效果更好。

（三）情绪释放。为服务对象提供多种情绪释放方法，如攥拳释放法、犬式呼吸释放法、书写疗法、舞动疗法等，鼓励他们参与尝试，而不仅仅是陷在情绪和受害者情结中无法自拔。通过提问、反馈和共情，可激发服务对象的思考和自我探索，以提供有效的情绪支持。

身心减压师要学会有效地表达自己的情绪，并引导服务对象进行情绪表达。通过使用情绪词汇和描述情境的方式，可以帮助服务对象更好地理解和表达自己的情感。

第三节
危机干预

危机干预是身心减压师在处理紧急情况和危机时所需掌握的关键技巧。

一、危机干预的重要性

危机干预是身心减压师的重要技能之一。在危机中,服务对象可能处于极度的情绪和心理困境中,需要及时对其实施支持和干预来帮助他们渡过难关。有效的危机干预可以帮助服务对象恢复平静、调整情绪,并能够提供适当的资源和指导。

二、危机干预的基本原则

（一）安全优先。确保服务对象和环境的安全是危机干预的首要原则。身心减压师应评估危机的风险，并采取必要的措施保护服务对象的安全。

（二）理解和尊重。在实施危机干预过程中，身心减压师应展示理解和尊重服务对象的感受和体验。通过倾听、表达共情和非评判性的态度，身心减压师可以与服务对象建立信任和合作的关系。

（三）快速响应。危机干预需要及时的响应和行动。身心减压师应具备快速评估和决策的能力，以便提供恰当的支持和帮助。

（四）多学科合作。危机干预通常需要多学科合作。身心减压师应与其他专业人士如心理咨询师、心理治疗师（精神科医生）或紧急救援人员等协作，以提供全面的支持和治疗。

三、危机干预的应用技巧

在身心减压服务过程中，如果遇到服务对象忽然身体发生激烈反应或情绪爆发，身心减压师在处理突发情况时应使用以下技巧。

（一）保持沉着冷静和专业。在危机干预过程中，身心减压师应保持自己的情绪稳定，不要大惊小怪，让服务对象感受到安全信赖。如果服务对象出现身体自发震动或忽然崩溃痛哭等激烈反应，身心减压师不要慌张，告诉服务对象这是正常现象，这是积压已久的情绪被触动了正在释放或者是通过身体细胞在进行释放。此时要让服务对象放松并且允许身体和情绪的自发反应和自我修复，安抚服务对象保持镇定，不要惊慌失措。如果服务对象急于中止，可以让其跟随自己一起做深呼吸，直到身体和情绪慢慢平静下来。

（二）提供情绪支持。在危机中，服务对象可能正在经历强烈的情绪和心理困扰。身心减压师可以通过表达共情、提供情绪支持和镇定安抚，帮助服务对象缓解情绪的压力和紧张感。

（三）寻求其他专业支持。在某些危急情况下，身心减压师应及时寻求其他专业人士，包括心理咨询师、心理治疗师（精神科医生）或紧急救援人员等的帮助和支持。

（四）提供资源和引导。在危机干预中，身心减压师要能够及时提供适当的资源和指导，帮助服务对象获得进一步的支持和治疗。例如：提供中国心理危机与自杀干预中心救助热线010-62715275、希望24热线（生命教育与危机干预中心）400-161-9995或其他专业组织的联系方式等。

危机干预是身心减压师在处理紧急情况时所需掌握的关键技巧。需要强调的是，在危机干预中，身心减压师应始终尊重自己的专业边界和限制。如果遇到超出自己能力范围的危机情况，应立即寻求专业帮助并与相关机构合作，以确保服务对象的安全。

每个人都有自己的战斗，我们需要相互理解、支持和鼓励。一起前进，一起成长。

——露易丝·海

第十二章
身心减压案例与应用

第一节
实操案例

下面我们将通过案例分析,呈现身心减压疗法在缓解焦虑、抑郁情绪、减压助眠,以及学生应考减压、青春期和更年期情绪缓解中的疗效。

● **案例 1**

Z女士,36岁,由于工作压力大及婚姻变故,她在相当长一段时间抑郁情绪严重。她想通过身心减压服务来帮助其缓解抑郁情绪。根据她的情况，身心减压师为其提供数次头触疗法服务后（每次90分钟），她反馈抑郁情绪明显减轻。后来，持续进行了一段时间每周1~2次的头触疗法后，她彻底从抑郁情绪中走出来，睡眠也恢复正常，对事业和爱情重新恢复了信心和活力。

● 案例2

W女士，31岁，因产后抑郁，睡眠质量不好，情绪不稳定，跟家人沟通易起冲突，甚至产生离婚念头。她主动接受身心减压治疗，包括数次头触疗法、呼吸疗法、冥想和正念疗法等，一个月即反馈效果明显，睡眠质量改善了，可以和家人平和沟通、表达感受了，也取得家人的理解，家庭关系得到明显改善。

● 案例3

F先生，45岁，由于投资失败带来巨大债务压力，身边人向其催讨欠款，几年来他深陷自责、愧悔中，加之新型冠状病毒感染疫情防控期间经济大环境影响，他时常感到内心有经济上翻身无望的焦灼和沮丧。第一次接受头触疗法，他反馈"感觉说不出来的轻松，不知道哪里改变了，多年乌云压顶的感觉没有了"。随后他又接受了多次头触疗法，并配合身心减压师进行每日放松疗法、呼吸疗法、冥想和正念疗法。一段时间后，他反馈焦虑情绪得到了明显缓解，内心沮丧感减轻，能够更积极、轻松地面对生活了，重建了信心，现实生活也得到了改善。

● 案例 4

J先生,70多岁,经常失眠,入睡困难。他尝试头触疗法是为了帮助其提高睡眠质量和减轻疲劳感。每次接受头触疗法时,他都会自然入睡,并且伴随鼾声进入深度睡眠状态,结束后通常还会睡一阵才醒来。他反馈通过身心减压师的治疗后,他睡得很好,轻松了不少。坚持治疗一段时间后,他表示夜里入睡状况有所改善,更容易入睡,并且早上醒来感觉精力不错,一些曾经挂碍多年的心结好像不再那么在意了,人变得更轻松了。

● 案例 5

X宝宝,2个月大的婴儿,烦躁不安,睡眠状况不稳定。接受头触疗法(每次15分钟)后,睡眠状况得到改善,哭闹、烦躁现象减少了。

● 案例 6

Y是一名初三考生,15岁,面临中考,压力大、情绪紧张。她反映在初二的小中考时,曾在考试前夜紧张得通宵无眠。此次在临近中考的前一周,她每天接受一次头触疗法,作为考前减压的方法。她常常在身心减压师的操作中就睡着了。这样,中考三天她每天均能够正常入睡,未发生失眠现象,并在考试中平稳发挥,考入了理想的重点高中。

● 案例 7

D是一名高中男生,17岁,身高近1.8米,处于青春期,与处于更年期的妈妈经常发生激烈冲突,情绪波动大,易怒,和父母关系紧张。在父亲建议下,他接受头触疗法,反映效果明显。第一次治疗结束他就体会到平静和放松,后主动提出继续接受头触疗法,表示非常享受,青春期躁动情绪得到有效缓解。

● **案例 8**

H女士,49岁,深受情绪激烈起伏、焦虑、失眠、潮热等更年期症状困扰。她尝试身心减压作为缓解更年期情绪波动的方法,通过每周2~3次的持续头触疗法,结合呼吸疗法、放松疗法、舞动疗法,她反馈激烈情绪得到了有效缓解,焦虑减轻了,睡眠质量也有所改善,体会到了久违的轻松感觉。

上述案例展示了身心减压专业而系统的方法在实践中的综合应用及其效果,服务对象的年龄覆盖面广,服务对象均能够体验到身心减压和情绪缓解的效果。这些案例也呈现了服务对象对身心减压师提出的需求和目标。实践证明,对于减轻焦虑、抑郁情绪、减压助眠、学生考前减压、青春期和更年期情绪缓解等方面,头触疗法可以作为一种有效的身心减压核心技术,为服务对象提供支持和帮助。

第二节
适用对象和应用场景

身心减压技法是一个综合的实操疗法体系,以头触疗法为核心,结合呼吸疗法、放松疗法、冥想和正念疗法、艺术和创意表达疗法等,辅以倾听关爱,具有广泛的适用对象和多样的应用场景。它适用于各个年龄段的服务对象,从婴幼儿到老年人,涵盖男女老少所有存在身心压力、睡眠障碍和情绪影响的健康或亚健康人群(非严重精神类疾病患者)。

一、适用对象的广泛性

身心减压技法适用于各个年龄段的服务对象,从婴幼儿到老年人。

（一）婴幼儿。头触疗法可以舒缓婴幼儿的身心,对他们进行安抚,帮助他们放松。柔和的头部手触可以促进婴幼儿的睡眠和情绪平稳。

（二）儿童和青少年。头触疗法、呼吸疗法、冥想和正念疗法等可以帮助儿童和青少年减轻学业压力和焦虑、抑郁情绪,帮助他们更好地应对学习和社交压力,提高情绪管理和自我调节的能力。

（三）成年人。对于成年人,无论是工作压力、家庭压力还是情绪困扰,通过头触疗法清除大脑区域阻塞电荷,结合呼吸疗法、放松疗法、冥想和正念疗法等,辅以倾听关爱,可以有效减轻他们的焦虑情绪,缓解他们的压力,改善他们的睡眠质量,并能够提高他们的工作和生活的质量。

（四）老年人。身心减压技法对老年照护有很好的应用效果。头触疗法可以从身体层面帮助老年人放松和增加内心的安宁感,起到助眠的作用,从而改善老年人的身体和心理健康。对于孤独的老年人,轻柔的头触疗法和身心减压师温暖的拥抱可以有效缓解他们的皮肤饥渴症,艺术和创意表达疗法与倾听关爱更可以从精神层面给老人们带来抚慰和陪伴。

二、应用场景的多样性

系统的身心减压技法可应用于多种场景，可以单独使用或组合、拆解在各种环境中。以下是一些常见的应用场景示例。

（一）身心减压馆。遍布居民生活区域的中小型身心减压馆，辅以专业设备及专业的音视频，可以让身心减压师全面、系统地提供完整的身心减压服务。相信随着身心减压师队伍的发展壮大，未来随处可见的身心减压馆能为大众提供亲民、便捷、有效的身心减压服务，增强大众对于身心健康方面的预防保健意识，成为我国身心健康服务领域的重要组成部分。

（二）学校环境。头触疗法可以在学校中使用，包括小学、中学、大学等。2022版中国的"心理健康蓝皮书"——《中国国民心理健康发展报告（2021—2022）》显示，我国目前青少年抑郁检出率为24.1%，约21.48%的大学生存在抑郁风险，45.28%的大学生存在焦虑风险，抑郁和焦虑呈年轻化发展趋势。头触疗法可以作为一种身心减压的实操工具，甚至可以按照类似眼保健操的形式普及推广，让学生们自助、助人，每日进行，每次10分钟，有效帮助学生们减轻学业压力，降低心理健康风险。

（三）产后护理中心。产后抑郁是一种常见的心理障碍，全球有10%~15%的女性在产后会出现不同程度的抑郁症状。我国卫生健康行政部门发布的数据显示，全国每年约有1 000万名女性生育，其中有20%~25%的女性患有轻微或中度产后抑郁，产后抑郁带来的恶性自杀事件也时有媒体报道。产后抑郁不仅短期影响产妇和其他家庭成员的关系，更对新生儿的一生产生深远影响。

心理学研究表明，从出生到两岁的生命早期，婴儿与养育人（尤其是母亲）之间安全型依恋与能力的发展，几乎决定了他们一生的人际互动模式。得到积极回应、温暖照顾的孩子，能够建立安全型依恋模式，长大成人通常情绪稳定、内心强大，社会适应能力强，人际关系、亲密关系良好。而那些遭遇忽视、暴躁对待，母婴分离的孩子，会形成回避型依恋模式，长大后通常会冷漠、退缩、过分独立，难以对他人产生信赖，在人际关系和亲密关系中采取逃避态度，甚至拒绝建立亲密关系。如果母亲情绪起伏波动大，时而亲密时而焦躁，孩子会形成较为复杂的矛盾型依恋模式，长大成人后通常难以建立良好的人际关系和亲密关系，在社会关系中他们往往表现为一边试图靠近，一边又随时准备逃离。婴幼儿期不能建立安全型依恋模式的孩子，在成年后容易成为心理问题高发人群。

防患于未然，有效帮助产后女性缓解产后抑郁状况意义重大。产后护理中心增加身心减压师的岗位，或者母婴照护人员学习身心减压技能，都将是行之有效的解决途径。

（四）老年照护机构。国家统计局发布的数据表明，2023年2月，全国60岁及以上老年人口数已达到2.8亿，占总人口的20%，65岁及以上老年人口数已达到2.1亿，占总人口的15%，这意味着我国人口已经进入中度老龄化阶段。预计到2050年左右，我国60岁及以上老年人口数将达到4亿，占比超过30%,进入重度人口老龄化阶段。

走向衰老、退出社会主战场是每个人的必然结局。老年人除了身体日渐衰老,能力开始减弱(如听力、视力、触觉、痛觉衰减,记忆力下降,反应速度变慢等)之外,心理也会发生改变,对过往人生的遗憾与不甘,过去和现在各方面的落差,跟不上时代脚步的恐慌,对疾病的担忧,对死亡的恐惧,以及现实生活中的孤独寂寞,这些都容易导致老年人焦虑、敏感、多疑,继而加剧睡眠障碍和身体病痛。

生如夏花灿烂,死如秋叶静美。如何让老年人生活得更加舒适安然?身心减压技法能为老年照护提供有益助力。在养老院等老年照护机构增加身心减压师的岗位,针对老年群体的社工人员学习掌握身心减压技能,都能为老年人带来身心减压的有效服务,帮助老人缓解焦虑、减压助眠,使他们老有所养、身心俱养。

(五)美容养生会所。头触疗法可在美容养生会所等场所作为单独收费服务项目应用,在容颜的美丽和身体的通泰以外,由身心减压师为人们提供身心放松和治疗的体验。

(六)职场环境。头触疗法、呼吸疗法、冥想和正念疗法、艺术和创意表达疗法适用于职场环境,可以在工作场所提供身心减压的支持,尤其是在大中型企业、园区的保健室和心理辅导室等。职场员工可以在身心减压师的帮助下减轻工作压力、提高情绪管理能力,提高工作效率和身心健康水平。

（七）心理辅导室。头触疗法、呼吸疗法在心理辅导室中也可被广泛应用。作为一种辅助性的治疗方法，身心减压技法可以帮助心理辅导师与服务对象建立联系、缓解焦虑、增强情绪调节能力，助力心理治疗的效果。

（八）家庭环境。说到家庭，亲密关系和亲子关系是最重要的家庭关系组成。高比例的无性婚姻、无话婚姻以及连年上升的离婚率，呈现出疏离的亲密关系。一项调查的数据显示，我国有50%的家庭存在亲子关系上的沟通障碍，其中70%的父母表示愿意和孩子进行沟通，但却不知如何进行。

身心减压技法中的头触疗法可以有效帮助解决家庭的这些问题。人们学会基础的身心减压技法，用于夫妻间或给孩子操作，在轻柔的手触下，不必过多言语，即可带来身心的祥和放松，在这样的状态下，亲密感和信赖感不知不觉多起来。此时无声胜有声，让爱的流动从简单的头触疗法开始吧！

上述场景只是身心减压技法应用的一些示例，身心减压师应该相信，自己所掌握的各种身心减压技能的适用范围非常广泛，可以应用于各个年龄段和各种环境，能为人们提供身心健康方面的支持和帮助。

第二篇　身心减压的技能体系

　　伤口是光进入你内心的地方。

　　——鲁米

第三篇　身心减压师的发展前景

随着社会进步，职业逐渐向着多样化的方向发展，不断细化社会分工，从而满足各行业的新时代需求。身心减压师作为大健康身心照护领域一个新兴职业，是该领域已有职业的有益且重要的补充，为整个身心照护领域带来新鲜活力。

自助助人、助人自助是身心减压师的核心价值理念。

身心减压，减轻的不是压力，而是个体的压力感。

此心光明,亦复何言。

——王阳明

第十三章
身心减压师的实践与伦理

第一节
个人保健和自我发展

个人保健和自我发展对身心减压师的职业发展至关重要。本节重点探讨个人保健和自我发展的重要性，帮助身心减压师保持身心健康、提升专业能力和持续发展的职业技能。

一、个人保健的重要性

个人保健是身心减压师必须重视的自我发展一部分。身心减压技法中头触疗法的特别之处在于身心减压师及其服务对象都能同样获得清除大脑区域阻塞电荷的功效，因此对于身心减压师而言，每一次对服务对象进行治疗，并不仅仅是付出体力和提供服务，同时也会带给自身释压助眠、清理负荷的功效。以下是身心减压师个人保健的一些重要内容：

（一）身体健康。身心减压师应保持健康的饮食习惯、定期锻炼和充足休息，保持体力，以应对工作中的挑战。

（二）心理健康。身心减压师应将学到的身心减压技法体系用于自身生活和工作中。实践出真知，不断在自己身上践行和领悟，关爱自身心理健康，是成为一名合格身心减压师的基础。

二、自我发展的重要性

通过以下四个方面的自我发展，身心减压师可以提升自己的专业能力和知识储备：

（一）持续学习。积极参加课程培训、工作坊、研讨会等，这些活动可以帮助身心减压师提升技能水平，加深业务理解，扩大专业认知。

（二）反思和总结。身心减压师应定期进行自我反思和自我评估，通过复盘反思，不断总结经验教训，提升服务能力。

（三）建立专业网络。与同行、导师以及其他相关领域的专业人士保持密切联系，与他们请教困惑、分享经验、交流案例（应对服务对象匿名处理，注意保护其隐私），以得到支持和指导。

（四）自我调节和边界管理。学会说"不"，设立适当的边界，这样做有助于身心减压师提供高质、高效的服务，避免自身不必要的消耗和服务对象的过度依赖。

第二节
职业伦理守则

遵守职业伦理守则是身心减压师应尽的责任和义务。职业伦理守则不仅规范了身心减压师的行为方式，也保障了其服务过程中的安全性和有效性。

一、保密原则

保密原则是身心减压师职业伦理中最重要的服务原则之一。服务对象的个人信息和隐私应受到严格的保护，只有在法律要求下才能透露相关信息。身心减压师在业务交流中，严禁透露服务对象的姓名，严禁进行指征明显、容易让人辨识的表述，仅可匿名针对服务对象身心状态变化及治疗方案、效果进行探讨交流。

二、尊重原则

身心减压师应尊重每一名服务对象的个体差异和多样性，不论服务对象的性别、民族、信仰、文化背景或性取向如何，都应以平等、客观、公正的态度对待，不能对服务对象有歧视，更不能因服务对象的个人特点而对其抱有偏见。

应尊重服务对象的自主选择和表达，不评论好坏，接纳服务对象表达真实感受，不反驳或反向证明。从某种心理学深层动机而言，某些人的不适症状是一种内在整体平衡的需要，甚至向外求助并非为了改善症状而是为了进一步证明自己的"不良状况"以获得某种"好处"。例如：孩子抑郁时，父母就不再提及离婚而是重点关注孩子，孩子就容易通过自己保持病症来维系家庭的完整，这属于潜意识动力的一种可能性。因此，身心减压师不必仅着眼于服务对象语言反馈的身心减压疗效及成果，而是相信身心减压技法的效力，根据服务对象的自主选择，内心坚定从容地对其提供服务、支持和配合。

三、边界原则

身心减压师应了解和遵守专业边界，不做超出自身专业范围的承诺，不接严重的精神疾病类患者。身心减压本质上偏向身心保健修复，而非疾病诊治，身心减压师应避免虚假宣传，

避免给服务对象带来过高期望从而导致的失望落差。

　　身心减压师应妥善处理自己与服务对象的人际边界，避免与服务对象建立过于亲密的关系，分辨投射和真实情感。由于在服务期间身心减压师会带给服务对象温暖、支持、包容的美好感受，服务对象容易产生信赖甚至依恋，进而误以为是爱情。因此，身心减压师要有辨识力，确保自己的行为和决策符合职业伦理守则。

第十四章
身心减压师培训及其认证

第一节
身心减压师培训

作为身心减压师，接受专业培训提升技能和知识非常重要。本书为身心减压师（初级）培训教材。建议身心减压师认真学习，努力实践，尽快深入、系统地掌握身心减压核心技能。

一、培训目标

（一）系统地理解身心减压的理论基础，学习身心减压技能体系的相关背景知识、科学原理等。

（二）掌握头触疗法、呼吸疗法、放松疗

法、冥想和正念疗法、艺术和创意表达疗法等相关疗法的具体应用和实际操作。

（三）学习如何有效地倾听服务对象，与其建立信任和合作关系。

（四）学习和实践自我觉察、自我疗愈的技巧，以保持自身的情绪健康和专业发展。

二、培训方法

（一）理论讲解。通过图文演示、主题讨论等形式，深入浅出地向受训者传授相关的理论知识和专业背景知识。

（二）实践体验。通过实际操作、互动体验和课堂练习，让受训者亲身体验头触疗法的技巧和效果；在培训教师的专业带领下，亲身感受不同类型的呼吸疗法、放松疗法、冥想和正念疗法、艺术和创意表达疗法等，获得实践经验，加深理解掌握。

（三）角色扮演。通过角色扮演的方式，模拟真实情境，帮助受训者练习倾听、沟通、问题解决和危机干预等技巧。

（四）主题讨论和案例分析。通过主题讨论和案例分析，促进受训者之间的互动和合作，分享经验和提高问题解决能力。

（五）反馈和评估。在培训过程中，提供及时的反馈和评估，帮助受训者了解自己的技能学习进度，以及需要改进的地方。

培训只是起点,真正的专业发展需要身心减压师不断学习和实践。身心减压师应保持对身心减压专业的热情和好奇心,与同行多交流经验,参与专业研讨会,不断提升实操技能。同时,要树立正确的工作态度和价值观,尊重服务对象的个体差异,严格遵守职业伦理守则。通过努力实践和持续学习,受训者必将成为一名有影响力的身心减压师,通过自助助人服务,为整个社会的健康发展做出应有的贡献。

第二节
培训效果评估和改进

培训效果评估和改进是身心减压师培训过程中的关键环节。身心减压是一项长期深远又意义重大的工作,随着国际国内身心健康研究的科学理论和实践不断深入,身心减压的方式方法也必将随之不断提升优化。因此,根据外部科学进步的成果,结合受训身心减压师持续的一线反馈,不断优化培训内容和效果,保持身心减压行业的专业性和实效性尤为重要。

一、培训效果评估的重要性

（一）确认培训目标的实现程度。通过评估参训人员的学习成果和能力提升程度，确定是否达到了预期的培训效果。

（二）检验培训方法和教学策略的有效性。通过评估参训人员的学习体验和满意度，可以检验所采用的培训方法和教学策略的有效性，并确定是否需要调整和改进。

（三）了解培训的长期影响。通过跟踪参训人员在实践中的技能应用和绩效表现，了解培训的长期影响和成效。

（四）促进持续改进和发展。通过评估培训效果，可以识别出培训的优势和需要改进的地方，并据此进行改进和调整，以提高培训的质量和效果。

二、评估方法和工具

在评估培训效果时，可以采用多种方法和工具。以下是一些常见的评估方法和工具：

（一）调查问卷。使用调查问卷可以收集参训人员的意见、建议和对培训的满意度情况，调查问卷可以针对培训内容、培训方法以及参训人员的学习成果和应用情况等进行调查提问。

（二）个案分析和绩效评估。通过个案分析和绩效评估，可以评估参训人员在实际工作中的技能应用和绩效表现，从而了解培训的实际效果。

（三）小组讨论和重点访谈。通过小组讨论和重点访谈，可以深入了解参训人员的学习体验、应用情况和效果，以及他们对培训的改进建议。

三、改进培训的重要性和方法

根据评估结果，对培训进行改进是持续提升培训质量和效果的关键。改进培训的主要方法如下：

（一）根据评估结果调整培训内容和教学策略，以提高学习效果和参与度。

（二）提供个性化的支持和指导，根据参训人员的需求和反馈，调整教学方式和学习资源。

（三）开展继续教育，为参训人员提供持续学习和发展的机会。

培训效果评估和改进对于身心减压师的职业发展和绩效提升至关重要。通过培训效果评估，可以确认培训目标的实现程度，检验培训方法和教学策略的有效性，了解培训的长期影响，并促进培训的持续改进和发展。根据评估结果不断优化培训，让身心减压师的专业能力得到持续提高，这样他们才能为服务对象提供更好的身心减压支持和帮助。

第三节
身心减压师的认证和资格要求

身心减压师的认证和资格要求是为了保证身心减压师具备必要的知识、技能和专业素养，能够提供安全有效的身心减压服务。以下内容将深入介绍初级和高级身心减压师的认证和资格要求，包括培训课程、测试和证书的获得。

一、初级身心减压师的认证和资格要求

初级身心减压师是在学习和掌握核心的头触疗法技巧和基础的身心减压背景知识后获得认证。初级身心减压师的认证和资格要求主要

侧重于头触疗法基本技能的掌握。以下是初级身心减压师的认证和资格要求：

（一）完成初级培训课程。课程应涵盖身心减压工作概述及以头触疗法为主的身心减压技巧体系的基本知识、技术和实践指导。

（二）完成线上或线下测试。完成培训课程后，初级身心减压师需要通过线上或线下测试，以确保其对所学内容的理解和掌握。

（三）获得初级证书。通过测试后，初级身心减压师将获得初级证书，证明其具备基本的身心减压技能和知识，可以为服务对象提供头触疗法的专业服务。

认证后，身心减压师有资格提供收费的一对一身心减压服务。初级身心减压师通过专业培训和认证，深入了解和掌握身心减压技术，为进一步的专业发展和提升打下坚实基础。

二、高级身心减压师的认证和资格要求

高级身心减压师是在初级身心减压师的基础上进一步发展的身心减压专业服务与管理人员，应具备更深入的行业认知和更丰富扎实的身心减压知识技能，并完成指定时段和内容的自我成长，建立管理意识，具备开设身心减压馆/室的资格。

在高级身心减压师的培训中，将会提供长推疗法、眼动疗法等更多治疗技法，并教授使用多种身心减压馆配套的专业设备。

高级身心减压师旨在系统化对身心减压技术和行业的理解，与自我成长相结合，并扩展实践技能和经营管理能力。以下是高级身心减压师的认证和资格要求：

（一）完成高级培训课程。课程应深入探讨进阶理论和实践应用，加强受训者的专业技能和经验，提升其自我成长能力。

（二）完成线上打卡训练营。完成培训课程后，高级身心减压师需要完成线上打卡训练营所有通关考核，以确保其对高级内容的理解和掌握。

（三）获得高级证书。通过线上打卡训练营通关考核后，高级身心减压师将获得高级证书，证明其具备高级身心减压知识储备和技能水平，并能在实践中提供高水平的服务。

获得高级证书的身心减压师不仅具备高级技能和知识，同时还具备开办专业身心减压馆的经营资格。高级身心减压师不仅能够为服务对象提供高水平的身心减压服务，还能在行业中发挥引领和指导的作用。

三、认证资格的维持与更新

身心减压师是以实操手法为主的技能型人才，取得资格证书后，如在规定期限内未进行足够数量的实践操作，资格证书将过期失效。因此身心减压师的认证资格需要进行维持和更新。以下是相关要求：

（一）持续实践和学习。身心减压师应在实践中不断成长，因此在取得相应证书后，每年实际完成身心减压头触疗法服务数应不少于 10 次。每次服务后，身心减压师均需要在微信小程序"身心减压师"中提交服务档案，每年服务档案记录在 10 次以上，方能保证证书次年继续有效。

（二）接受监督和反馈。身心减压师应接受监督和反馈，以确保自身的专业发展，如定期与导师或同行进行业务讨论、提交案例总结、接受评估和指导等。

（三）更新资格证书。根据相关的认证机构或组织的要求，身心减压师需要定期更新资格证书。

身心减压师的认证和资格要求是为了保证其具备必要的知识、技能和专业素养。其中，初级身心减压师需要完成初级培训课程，并通过测试获得初级证书；高级身心减压师需要完成高级培训课程和线上打卡训练营，获得高级证书。认证资格的维持与更新需要身心减压师持续实践，并接受监督和反馈。

第十五章
身心减压师的职业发展

第一节
就业机会

身心减压师作为专业技能人员，在身心照护领域发挥着重要作用，因此在当前社会环境中，就业机会必将越来越多，举例如下：

一、母婴行业

产后抑郁症给产妇和婴儿带来的严重后果日益引发人们的关注，身心减压头触疗法对于抑郁、焦虑状况的缓解效果明显。因此，在月子会所内增设身心减压室，培养专业的身心减压师，将会成为其服务升级的关键之一。

二、美容、保健和养生行业

许多美容机构、养生会所、健康中心和康复机构在传统业务的基础上,关注服务升级,需要身心减压师提供专业的服务。

三、教育机构

随着青少年心理问题日益增多,学校越来越意识到身心减压对于学生的重要性。许多教育机构聘请身心减压师提供专业支持服务,帮助学生减轻学习压力并缓解情绪困扰。

四、社区和老年照护机构

社区服务中心、养老院等老年照护机构,以及康复中心也需要身心减压师来提供支持和帮助。

五、企业和组织

一些企业和组织也开始意识到员工的身心健康、员工幸福度对企业绩效的重要性。因此,他们设立了专门的场所,作为福利向员工提供身心减压服务。

第二节
服务对象管理和自我营销

服务对象管理和自我营销是身心减压师职业发展中的重要一环，其实践建议如下：

一、树立专业形象

身心减压师应树立专业形象，包括外观、沟通方式、语言表达等。专业形象能够增加服务对象的信任及其对服务的认可。

二、提供个性化的服务

与服务对象建立良好的关系，根据服务对

象的需求和目标定制适合他们的个性化减压方案。

三、提高服务对象的满意度

了解服务对象的需求、及时回应服务对象的反馈，用心理压力测量表、脑波仪等评估服务对象的身心压力变化状态，并将积极的改变及时反馈给服务对象，以增强他们的信心。另外，关注服务对象的体验、提供高质量服务，都是提高服务对象满意度的关键。

四、建立长期合作关系

建立良好的信任关系和互动联系，服务对象则更有可能长期选择身心减压服务。

五、获得口碑推广

对服务效果满意的服务对象往往会向他人推荐，为身心减压师带来更多客源和商机。

六、自媒体推广

利用在线平台和社交媒体进行推广，身心减压师可以增加知名度，吸引潜在服务对象。

第三篇　身心减压师的发展前景

感谢你选择身心减压师这个新兴职业，一个永远不会被人工智能替代的职业。愿这本培训教程成为每一个身心减压师的实用工作手册，伴你自助、助人，开启温暖光明的职业新征程！

你连想改变别人的念头都不要有。
要学习像太阳一样，
只是发出光和热。
每个人接收阳光的反应有所不同，
有人觉得刺眼，
有人觉得温暖，
有人甚至躲开阳光。
种子破土发芽前，
没有任何的迹象，
是因为没到那个时间点。
只有自己才是自己的拯救者。

——卡尔·荣格